MASTER ARCHIVE MOBILE SUIT

VICTORY GUNDAM

CONTENTS

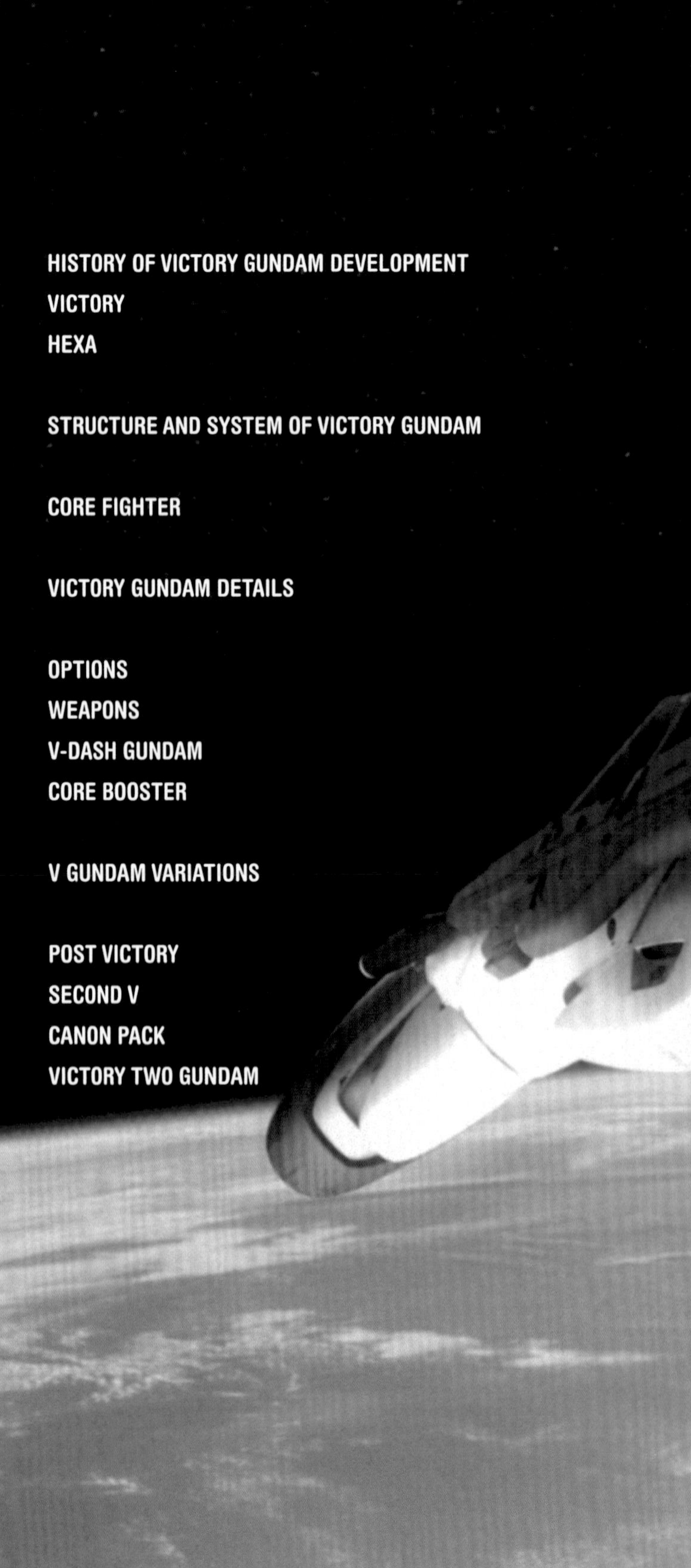

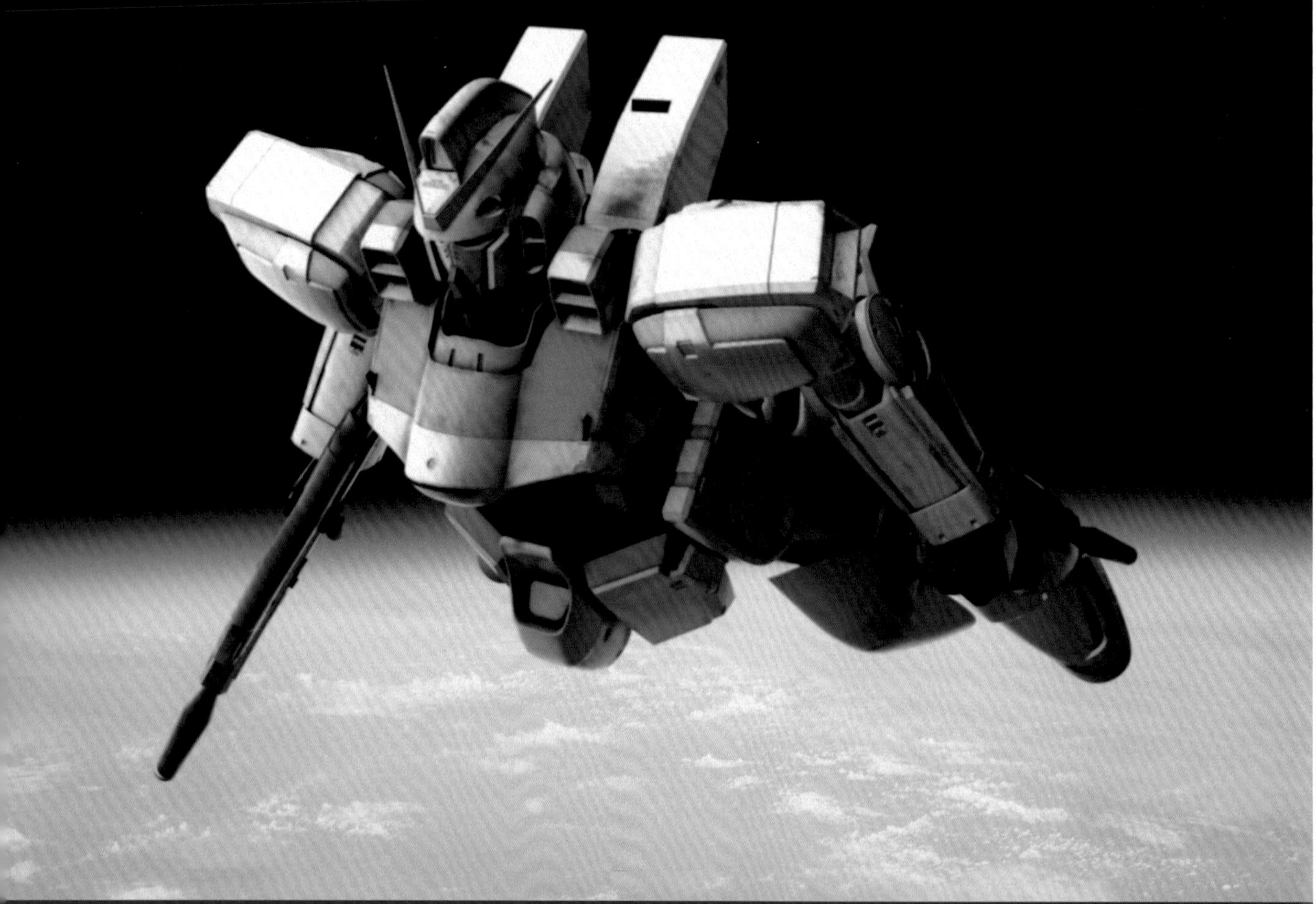

HISTORY OF VICTORY GUNDAM DEVELOPMENT

V鋼彈開發史

於U.C.0150年代爆發的「贊斯卡爾戰爭」，不但是新興殖民地國家「贊斯卡爾帝國」向地球聯邦發起的獨立戰爭，同時也是發端自民間網路的反抗組織「神聖軍事同盟」，為反抗獨立而發起的反對運動。這場大戰一如史書所載，以神聖軍事同盟及地球聯邦軍的聯合勢力獲勝告終。不過能達成這項偉業，反抗組織自行開發的機動戰士（以下簡稱MS）群絕對功不可沒。本書的目的，便是根據有限資料與證言紀錄之分析結果，針對這些MS群試作一番起自開發經緯、終至機體構造的詳盡解說。

【時代背景】

U.C.0123年，羅那家一派的私兵集團──「骨十字先鋒」鎮壓了建於新SIDE 4／舊SIDE 5的FRONTIER SIDE，並宣布建立「宇宙巴比羅尼亞」國度。以此事為開端而爆發的「巴比羅尼亞建國戰爭」，雖然在反抗軍勢力的頑強抵抗與羅那家內部分裂之下迎向終結，但同時也彰顯了地球聯邦政府弱化的事實，間接導致日後以地球聯邦為目標的大規模戰亂接二連三勃發，例如U.C.0130年代企圖侵略地球圈，自稱「木星帝國」（JUPITER EMPIRE）的木星團體。進入U.C.0140年代後，殖民地主義抬頭，各SIDE更是再度燃起爭取自治權的運動。

處於如此動盪不安的局勢當中，部分SIDE在宇宙殖民地政廳的出面下，成立了相當於殖民地國家的自治組織，並在遠離中央政府的情況下開始獨自以「國家」的體制運轉。規模較小的殖民地國家之間，一旦因經濟落差或貿易不均衡等條件形成對峙局面時，最終發展為軍事衝突不過是時間長短的問題罷了。就連原本隸屬於地球聯邦軍，應當維持治安的殖民地駐留艦隊，都背離正規指揮系統，成為各殖民地國家的國軍。別說平息戰亂了，甚至使戰火更加激烈，這便是俗稱「宇宙戰國時代」的到來。「贊斯卡爾帝國」在SIDE 2「亞美尼亞」殖民地成立的背景因素，就是受到這些地球圈治安惡化以及中央政府相對弱化的條件影響，此點不容忽視。

U.C.0146年，新興的政治團體「加其黨」於亞美尼亞成立，擔任代表的正是自木星歸來的男人──范仕・卡德里。加其黨巧妙利用了高漲的獨立呼聲與世道趨勢，主張排除腐敗政治、脫離地球聯邦、改革社會制度等訴求，博得群眾的支持，轉眼間便壯大為亞美尼亞政廳議會的第三勢力。他們思想偏激，甚至主張公開處決犯罪者，正好迎合不堪長年腐敗的亞美尼亞市民，因而受到熱烈歡迎。翌年，加其黨還大膽地以斷頭台處決收賄事件的首腦團體，此作秀行徑令多數市民為之狂熱。市民當中當然也有知識分子反彈這種野蠻手段，但對於正有如法國大革命時期的亞美尼亞而言，這道聲音實在過於渺小。結果加其黨就這樣成功煽動社會大眾，一口氣拉抬了支持率。

此外，范仕・卡德里在加其黨結黨之前，就先一步於U.C.0140年代初自SIDE 1的「阿爾巴尼亞」發跡，與新興宗教團體接觸。該團體的教宗是瑪麗亞・阿莫尼，倡導世間應全面轉變為母系社會，俗稱「瑪麗亞主義」。范仕透過對該團體提供後援，成功攏絡信眾，壯大陣營。

順利於政教兩界鞏固支持基礎的加其黨，成功掌握亞美尼亞的政

※S.N.R.I.
海軍戰略研究所
（Strategic Naval Research Institute）之縮寫。

※貝斯帕
有一說指出貝斯帕的名稱來自地球聯邦軍於SIDE 2的同名研究所。日後為強行執行地球侵略作戰，組成「黃夾克」特殊部隊。

權後，即刻便接收當地的S.N.R.I.※的SIDE 2分部，獲得開發機動兵器的能力，急速走上武裝道路。隨後更吸收地球聯邦軍的SIDE 2駐留艦隊，設立以「貝斯帕」（彈道研究與宇宙偵察部隊，Ballistic Equipment & Space Patrol Armory）※為名的獨立武裝組織。有了軍事基礎，加其黨判斷自地球聯邦獨立的時機已到，於是便在U.C.0149年7月宣布贊斯卡爾帝國建國。這時，他們刻意招攬SIDE 1的瑪麗亞・阿莫尼，並拱她登上國家元首暨女王。表面上提倡瑪莉亞主義，採取宗教國家的形式，但政治軍事的實權，實際都掌握在加其黨黨首范仕・卡德里的手中。爾後，贊斯卡爾帝國便持續擴張軍備，將「馬其頓」殖民地的「周邊國」納入實質上的屬國，拓展帝國的版圖。

然而，即使親眼目睹上述SIDE 2的政變經過，卻仍不見地球聯邦政府有任何積極作為。或許是反省自己過去不允許SIDE 3發跡的「吉翁公國」獨立，又在經濟面勒緊對方的脖子，結果導致半數人類死亡的「一年戰爭」爆發，因此不欲重蹈覆轍；又或許是信奉消極主義至極端的結果吧。但無論如何，中央政府默認贊斯卡爾帝國的所作所為。既未表示否定、也未明言肯定，就只是好像什麼都沒發生似地靜觀其變。

另一方面，也有人將加其黨在SIDE 2的舉動視為隱患而起身抵抗。U.C.0130年代後半，為反制腐敗地球聯邦政府，民間成立了網路勢力，並認為加其黨已成為新的威脅並開始有所動作。這些地下運動的波盪，總算在U.C.0139年前後以「神聖同盟構想」的形式具現化。多個市民團體慢慢攜手合作，並且在加其黨掌握亞美尼亞政權的隔年，亦即U.C.0147年，重新編組為具實戰能力的反抗組織——神聖軍事同盟。

【V計畫前史】

在普遍說法裡，大多都認為神聖軍事同盟是以對抗贊斯卡爾帝國為目標的反抗組織。然而實際上，他們並非單一組織，而是透過民間網路維繫的「抵抗運動之總體」，如此解釋會比較符合實際情況。雖然同盟內姑且是有著名為金・哲罕南的指導者，但此名號正如同於印度教中的涵義——「棲息於地獄之惡魔」所示，只是一個假名，使用這假名的替身也大有人在。此外，豈止是替身，每個時期的金・哲罕南都不只一位，甚至有說法認為此名號非指個人，而是象徵隸屬指導部的全體成員，總之不確定要素實在過多。神聖軍事同盟就是如此充滿謎雲的組織，因此要闡明他們主導的MS開發計畫亦非易事。本書於執筆時雖有留意要盡可能以事實為基礎，因此皆根據當時地球聯邦軍所編纂的極少數官方資料與神聖軍事同盟相關人士之證言加以記述，但仍有些詳細部分留有不明之處，特此事先聲明。

由神聖軍事同盟所主導，通稱「VICTORY計畫」（以下簡稱V計畫）的MS開發計畫，一般認為自U.C.0149年開始推動。但有一說認為，早在八年前的U.C.0141年，便已有一派日後成為神聖軍事同盟中樞之一的民間組織加入月面都市「聖約瑟市」郊外的鋯元素工廠傘下，並著手開發獨門的MS，直到U.C.0149年，此開發動向才正式重編為「V計畫」，此說法似乎就是真相。

擔任開發負責人的，是以綽號「伯爵」廣為人知的歐爾・紐葛。麥拉・米格爾、羅梅洛・馬拉巴爾與歐帝斯・亞金斯這些前S.N.R.I.技術人員似乎便是聚集於伯爵旗下開始設計抵抗運動的主力MS。換言之，V計畫機雖說是神聖軍事同盟自行開發的機體，但在技術史系譜的角度看來，同時也可以視為S.N.R.I.製「FORMULA計畫」（以下簡稱F計畫）的後繼機。考慮到同屬S.N.R.I.發起的「貝斯帕」相當積極導入源自木星之技術，神聖軍事同盟陣營的機體反而更像是F計畫的直系子孫。有鑑於此，想考察V計畫機體，首先必須回顧身為前史的S.N.R.I.歷史才行。

而追尋起S.N.R.I.的源頭，會一路回溯到從前參與SIDE 1建設的宇宙島建設企業聯合體。這麼年代久

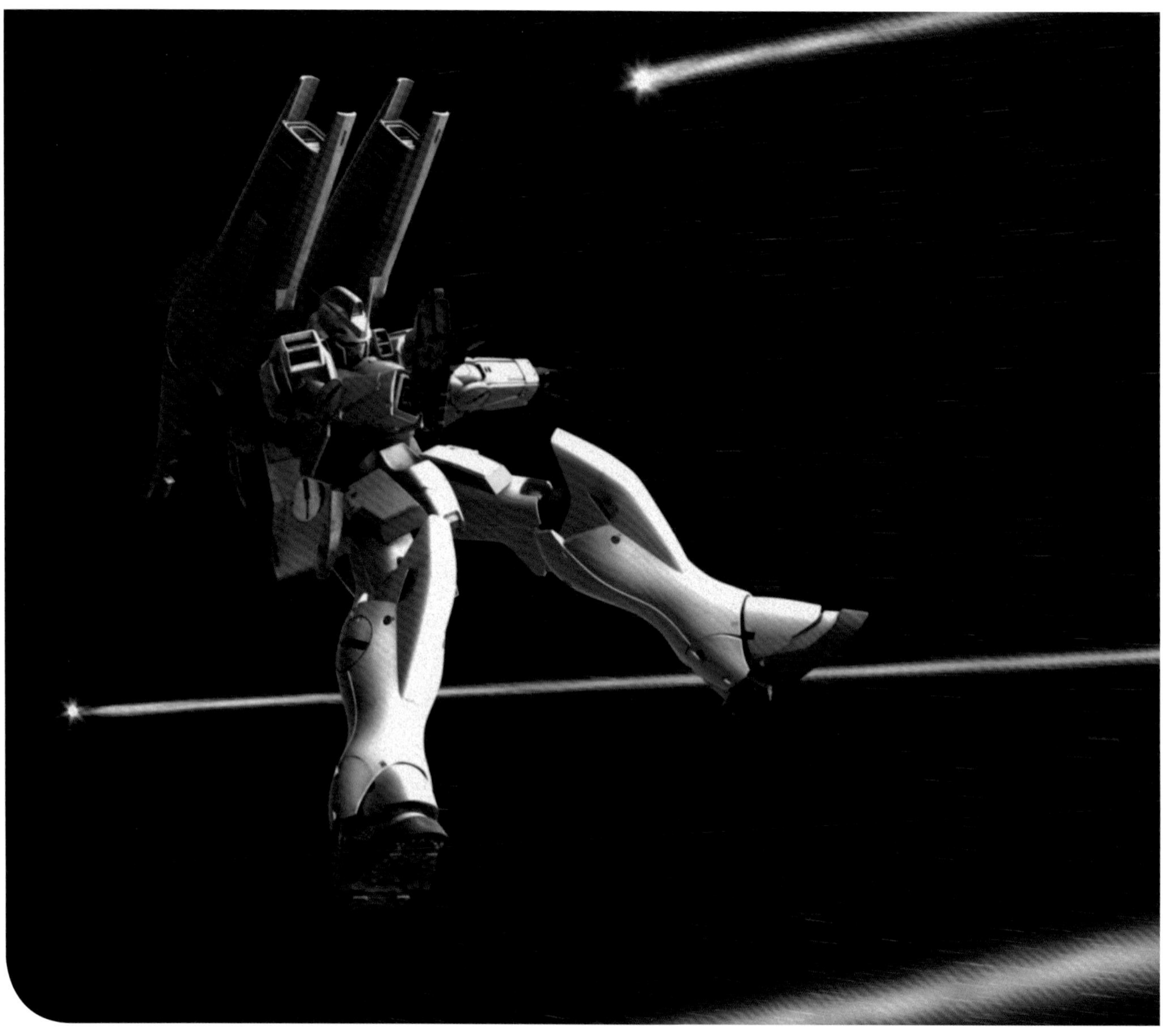

遠的老企業之所以會開始與軍事打交道，是因為中央政府趁地球聯邦軍設立之際收購了大半的股票，因而轉型為半官半民的公社，組織名也在這時改名為「戰略戰術研究所」。若根據當時向議會提出的資料，組織性質為一軍事相關的諮詢機構，主要運作目的在於向政府提出次世代戰略與兵器的相關展望。成立後負責的項目，則是軍事技術的民生利用相關事業，以及將包含兵器在內的軍用品出售給民間的業務。特別是在一年戰爭剛結束時的混亂期，為促進殖民地重建計畫，還將包含MS在內的中古兵器分包給殖民地公社的承包企業（相當於廢物商），致力於提升宇宙殘骸的回收效率等等，對於戰後處理貢獻頗多。至於U.C.0087年後的聯邦內亂期，軍內各機構皆分裂為「迪坦斯陣營」與「幽谷陣營」彼此鬥爭，而戰略戰術研究所則是表明貫徹中立。當時，雙方陣營為增強戰力，皆用盡手段要求以新人類研究所為首的各機構展現忠誠，唯戰略戰術研究所由於並未直接參與兵器開發，且與高獨立性質的殖民地公社關係密切，因而似乎免於陷入宗教改宗般的窘境。

不過到了U.C.0093年，以第二次新吉翁戰爭為契機，地球聯邦軍展開組織重整，戰略戰術研究所更名為「海軍戰略研究所」，自此定位轉變，開始涉足開發機動兵器的相關領域。

隨著第二次新吉翁戰爭的終結，當時認為大規模反叛的火種已徹底撲滅，並要求軍隊自戰時體制轉移為一般體制。說得直接點，就是要求裁減軍事費用。於是，從U.C.0080年代中期開始，一味開發新機種，以多機能、高性能為目標的機動兵器領域，開始受到議會為縮減經費而施加的沉重壓力。

當然，身為諮詢機構的S.N.R.I.，對這種風向必須特別敏感。S.N.R.I.對於經費刪減方向統整並提出了諸多建言，但，獨居業界龍頭的阿納海姆公司（以下簡稱AE社）卻不見積極動作。當時AE社已對精神感應框架技術投入莫大開發費，技術卻可能遭致凍結，唯恐投資難以回收的巨大企業，當然不希望再受到經費壓縮，因此動員派閥內所有原幽谷系議員展開了關說活動。就是在上述這種狀況下，S.N.R.I.開始在開發機動兵器方面有所動作。軍方的內亂與外界的大規模反叛皆告一段落，地球聯邦軍的主任務已轉變為非戰時治安維持，既然如此，組織不應再以堅持中立為優先，而必須試著順應新時代潮流──S.N.R.I.的念頭，或許就是如此吧。

如此確定方針後，其動作便相當迅速。S.N.R.I.的研究者們，首先開始研究小型核融合爐，並成功開發一款出力雖未滿1000千瓦，外型卻極小的發動機背包，隨即著手設計可活用此款背包的小型可變形MS（以下簡稱TMS）。身為業界新人的S.N.R.I.並不妄想產品一口氣就被採用為主力MS，而是看準小市場需求，製作特殊部隊用的兵員輸送機，並致力於實現運用陣營的「小型化促成的高隱匿性」「小隊規模（8名）的兵員輸送能力」「可迅速展開作戰的機動性」等特殊要求，結果，麻雀雖小五臟俱全，還附贈可變形為輸送車輛型態功能的12米級小型TMS──D-50C「洛特」問世，漂亮地贏下採用名額。乍見之下絕不可能擊倒的巨人阿納海姆，第一次遭人在肚子開了一個小洞。

【小型MS的抬頭】

因D-50C「洛特」的成功而提升自信的S.N.R.I.，在U.C.0102年，向地球聯邦政府提出了以「開發小型MS時之建議」為名的報告。

報告中，S.N.R.I.指稱向來的MS開發方針過於追求高性能與多功能，並在此方針過度發展之下走上大型化一途，逐步把自己逼進進化的死胡同。根據資料顯示，起初18米級的MS，自U.C.0080年代後期開始出現超過20公尺的機體，近年來就連30公尺皆已司空見慣。機體越大，就得確保越多的格納空間，但母艦的淨載重有限，艦艇的更新週期又較MS來得長，超過五十年的長期運用案例也屢見不鮮，考慮到這項因素，母艦方的對應將顯得相對被動，整備架等維修設備的改修亦可能催生龐大費用而形成障礙，且再怎麼改艦艇的最大積載量亦不會增加。若按此步調持續發展大型化機體，運用面必將到達極限，這便是S.N.R.I.所稱的「進化的死胡同」。而瀕臨極限的大型化方針苦果，理所當然會由運用方承受。建議書中所夾附的參考資料中，刊載了大量已形成現實問題的各種案例，諸如彈射架規格不合，致大型機無法按正常程序發艦等等，幾乎堪稱整備組員們的抱怨清單。

S.N.R.I.假設機體尺寸縮小約百分之二十，採用16米級的MS為標準機，隨著作業空間的擴大，促使整備效率提升，藉此計算出再出擊所需時間可縮短的程度等等，根據這些模擬提出了非常鉅細靡遺的運用效率相關資料。此外還附上了另一份模擬計畫書，指稱克拉普級巡洋艦的艦載MS原以6架為定數，但運用小型MS時最大可積載至8架，同時也記述了在這個場合下，原本兩小隊×3架的基本運用法，多出了四小隊×2架與兩小隊×4架的戰術變更選擇。不僅如此，還更進一步指出規模未達巡洋艦等級的驅逐艦、小型輸送艇皆將獲得搭載運用MS的可能性。可說是描繪出了非戰時體制之下，大規模戰鬥減少，以反恐對策為主眼的巡邏，或小規模作戰能力較受重視的嶄新MS運用法。在S.N.R.I.的主張中，MS的小型化就是能帶來如此巨大的變革。

再者，小型化機體所能帶來的性能面好處，好比改善推力重力比進而提升機動性等等，自是理所當然不忘重申，另外還提及就輕量化產出之剩餘電力強化武裝的提案。日後普及的光束護盾，更早在此報告書中便建議可作為標準搭載裝備。S.N.R.I.的先見之明，於報告書中可見一斑。

不過，報告中最醒目的記載項目，就是小型化對於製造費的壓縮成效，以及隨之而來的開發經費削減。一旦殖民地正式展開重建，鋼材的需求量肯定水漲船高；而MS身為金屬的「集合體」，自然有著製造成本高騰的懸念。S.N.R.I.非常煞有其事地強調此點，再以此為前提，提示小型化方針不僅可為機體瘦身，更能為錢包減少多大的負荷。在力說之餘，還不忘提及節省的經費可投入於殖民地重建，就與殖民地公社關係密切這一點來看，確實很有S.N.R.I.的風格。

一如上述，S.N.R.I.這項提議迎合了政府想削減軍事費的盤算、軍方要轉移為非戰時體制的方針，以及充斥厭戰氣氛，希冀促進復興事業的輿論。即使如此，若AE社仍保有過去那般影響力，軍方理論上仍不會盡信此案。但，歷經U.C.0096年所爆發，史稱第三次新吉翁戰爭的動亂，AE社背後的畢斯特財團在政界之影響力已經極端地低落。結果，軍方作出的決定幾乎等同於原封不動地採納了S.N.R.I.的提議。

另一方面，AE社陣營則試圖最後一搏挽回情勢。U.C.0105年4月，AE社將全高28米級的米諾夫斯基飄浮裝置搭載型試作MS※私下提供給某個小規模的反地球聯邦系恐怖組織，藉此營造危機，試圖透過彰顯多功能大型MS的高性能表現喚起大型機的需求。但這個如意算盤也以失敗告終。武裝蜂起的恐怖組織很快便遭到了地球聯邦軍特殊部隊的鎮壓，轉眼間便使這場騷動落幕。該架大型試作MS也被亞德雷多市街所設置的光束防護罩阻礙而動彈不得，令人不勝唏噓，無法在世人心中留下巨大軍事衝擊。另外，這架機體在遭到地球聯邦軍擄獲後，雖有留下明眼人一看便知道出自AE社之手的證言，但官方報告中仍只是記載為「製造者不明」。如今雖已無從求證，但判斷AE社與軍方高層之間訂立某種密約應該是合理的。畢竟AE社這間企業體為求擴大勢力，可以為幽谷這個反地球聯邦組織撐腰，連幽谷陣營平定聯邦內亂、掌握政權之後，AE社也持續將兵器供給夏亞・阿茲納布爾所率領的新生新吉翁與其殘黨勢力。對於這種龐大到難以解體的企業體，依循常理下刀切割的效果並不明顯，既然如此，還不如締結密約善加利用來得有賺頭——軍方高層恐怕就是這麼想的。還有謠言認為，軍方根本趁機對AE社提供恐怖組織試作機一事睜隻眼閉隻眼，藉此要他們吞下MS的小型化路線。就時期而言，這個說法相當有說服力。

姑且不論此謠言的真偽，總之在U.C.0105年11月，接下地球聯邦軍訂單的AE社，正式著手開發小型MS了。然後直到進入U.C.0109年，才終於推出RGM-109「赫比鋼」，而且性能非常不上不下，全高雖是成功壓在16公尺以內，整體而言卻只稱得上是將二十年前的RGM-89「傑鋼」縮尺後的機體。況且在這段期間內，AE社還非常專注地繼續開發全高20公尺的大型機。也就是說，AE社盤算的是透過RGM-109這樣不像話的成果來表示小型MS在性能上的極限，藉此私下販賣事先準備好的大型機。

不過，AE社的如意算盤卻再度落空。AE社對地球聯邦軍已定案的小型MS開發計畫顯得過於消極，因此在軍方內部也逐漸有將此視為問題的傾向，並進一步提案擴大S.N.R.I.機動兵器開發部門作為其對手。就這樣，地球聯邦軍針對次世代主力MS的開發計畫「Advance Tactical Mobile Suit」（簡稱ATMS）中，正式決定讓AE社與S.N.R.I.以競爭方式試作。對此，S.N.R.I.展開日後命名為F計畫的專案，著手設計可作為概念機的小型MS，並於U.C.0111年，以F計畫成果的試作機——F90迎向選定試驗，漂亮地贏過AE社開發的MSA-0120，拿下了採用寶座。

【從F計畫機到V計畫】

F90的機身小巧，全高壓在16公尺以下，內部備有出力3,160千瓦的小型發電機，是一架概念極簡的機體。而甄選會上的競爭對手MSA-0120則是架不折不扣的怪物，既定出力為3,040千瓦，且透過MEGA BOOST這種應用能源匣技術的噴射方式，可將出力最高拉升至6,800千瓦。兩者相較之下，難免認為F90稍嫌平庸。然而，若依循主任設計師阿爾麥亞・古根拜卡博士所提出的「回歸MS的原點」思想，會如此設計也是理所當然。F90所嘗試採用的作法，就是從持續肥大化的MS身上徹底刪除多餘的裝備，本體只維持在最低限度的精簡構造，同時透過命名為「任務包※」的充實選配裝備，令配備能因應任務所需加以取捨。拜此之賜，不但壓低了本體的製造成本，更可透過追加或重新設計任務包等較便利的手段提升性能，是一種有意提升整體兵器壽命的作法。S.N.R.I.藉由F90所展現的上述概念，可說是完全掌握了軍方高層想縮減經費的心。

自此之後，對地球聯邦軍而言，S.N.R.I.製MS就成了不下AE社製品的有力選擇之一。F90由於身為實驗機，於生產性等方面尚有許多待改善的缺點，因此並未直接進行量產，但合計製造三架，並經歷包含實戰在內的試驗運用後，仍替S.N.R.I.帶來了莫大的知識。此外，F90也成了各式各樣亞種機與後繼機的開發母體，對於鞏固小型MS的地位貢獻良多。好比輔助型的F90S就衍生出中距離支援用MS──F70「加農鋼彈」，雖然在S.N.R.I.沒有大規模生產設施及AE社為確保利益而猛烈關說的雙重因素影響下，致使F70在變更部分式樣後，作為F71「G加農」透過AE社之手OEM生產，但也算是達成了一定的目標。其後，S.N.R.I.也陸續完成各種試作機與實驗機，而設計這類機體的工作，在將來都由參加神聖軍事同盟的原S.N.R.I.出身技術者接手，並成為V計畫機的骨幹，此點實在耐人尋味。究竟，在實際層面上產生了什麼樣的影響呢？

對於神聖軍事同盟的開發陣營而言，假想敵不用說，當然是贊斯卡爾帝國的武裝組織「貝斯帕」。接收了S.N.R.I.的SIDE 2分部，繼承技術面遺產的貝斯帕，當時正逐步開發性能更勝地球聯邦軍配備之

※米諾夫斯基飄浮裝置搭載型試作MS
根據隸屬地球聯邦軍的基爾凱部隊所記錄之最終報告書，擄獲的恐怖組織大型MS全高28公尺，除巴爾幹砲、光束軍刀、光束步槍等標準裝備外，還有2門固定MEGA粒子砲、內藏大中小三種尺寸的飛彈，同時還有透過精神感應控制的誘導式飛彈兵器，為重武裝式樣機體，推定全備重量在80噸前後。如此重量級機體，卻搭載米諾夫斯基飄浮裝置，可在重力環境下單獨飛行，絕對不可能是區區一介恐怖組織有能力開發。

※任務包
能因應作戰所需，切換選配裝備、擴張機體功能的設計思想。一般認為任務包自U.C.0080年代初就已存在，但F90的任務包不但有計劃地配置規格化的硬點，還透過組合選配兵裝衍生出多重運用的可能性，諸多細節都顯示此設計以系統而言更加洗練。這個構思也為神聖軍事同盟所開發的V計畫機所繼承，機體確實於各處設有硬點，亦設計並製造各式各樣的輔助裝置。

RGM-119「傑姆斯鋼」與RGM-122「傑維林」的小型MS。既然要對抗這樣的勢力，至少也得具備同水準以上的性能，以及足夠的柔軟性，以令神聖軍事同盟這個充其量只算小組織集合體的陣營能夠製造與運用。由此發案的概念，就是「合體變形式MS」。

如果要以最簡潔的方式表現合體變形式MS一詞，那就是擁有變形分離機構的小型MS了。以含有操縱系機構的機體中樞「核心戰機」為主軸，搭配上半身「TOP RIM」與下半身「BOTTOM RIM」，共三種模組構成機體，並可隨時分離與合體，即使在戰鬥中亦不例外。單就這點考量，概念上很類似AE社從前開發、以MSZ-010「ZZ鋼彈」為首的分離機構內藏型TMS。不同之處在於，MSZ-010在運用時基本上是以單一MS為前提，相較之下，V計畫所策劃的合體變形式MS屬於更柔軟的兵器系統。好比當下半身中彈時，只要交換備用的BOTTOM RIM，便可戲劇性地縮短修理時間，同時還考量了另一種運用法，即是由TOP RIM及核心戰機組合成「TOP FIGHTER」型態，繼續進行戰鬥。

為此，據說開發陣營在推動設計作業時，選定了S.N.R.I.製的F計畫機——F90IIIY「聚合鋼彈」及F97「海盜鋼彈」作為核心戰機採用機的參考對象。

但，若問此舉是否流於單純的模仿，答案絕對是否定的。F90IIIY與F97的核心戰機合體時採用機體內水平式的組合法，除了操縱系統與發電機之外，還具備MS型態時可作為主推進器運用的推進系統。而V計畫將此設計更加發揚光大，甚至嘗試要在合心戰機內備齊構成頭部單元組件的感測器機具。

相對於此，另兩項機體構件則採用重點式設計，TOP RIM定位成以手臂為主體的武器平台，BOTTOM RIM則定位為走行腳與輔助推進器，試圖藉由限定各自的功能以壓低成本，畢竟在計畫所勾勒的藍圖中，兩構件就算不到用過即丟的程度，至少也只視為某種選配兵裝。實際上，後來完成的第一架實戰型合體變形式MS——LM312V04「VICTORY」，各構建模組的生產數的確與設計藍圖有所出入，尤其損耗率高的BOTTOM RIM製造數特別多，這點正可解釋與TMS的差異所在。只不過，神聖軍事同盟所開發的合體變形式MS與既有TMS的明確區別，不只在於設計構思或運用手法。當中最值得注目的，其實是透過實裝「米諾夫斯基飛行系統」，令機體在大氣層內的飛行性能得以提升至全然不同的境界。

所謂米諾夫斯基飛行系統，如字面所述，乃一飛行系統，屬於米諾夫斯基飄浮裝置的一種。但相較於具備米諾夫斯基粒子散播機能的既有飄浮裝置，米諾夫斯基飛行系統並不會散播粒子，而是將存在於周邊環境的米諾夫斯基粒子重新構築，形成微弱的米諾夫斯基力場，藉以讓機體浮游。既然無法散播粒子，自然需要母艦等設備的支援，但自一年戰爭以來，主動散播米諾夫斯基粒子乃必備戰術之一，只要身在戰場，無論散播者是敵方或友方，維持環境中一定粒子濃度的戰術已成常態。既然如此，沒有不利用的道理——在如此概念下削除粒子散播機能後，米諾夫斯基飛行系統成功地壓縮了尺寸，順利實裝在全長未達9公尺的核心戰機內。

當然，要在15米級的小型機體內導入變形分離機構，同時又為了因應重力環境，而以實裝米諾夫斯基飛行系統為目標，這樣的式樣很可能導致機體構造更趨複雜，勢必延長開發所需時間，也連帶使得總製造成本上升。但，神聖軍事同盟特有的組織性問題似乎逼迫開發陣營不得不走上這條布滿荊棘的道路。縱使有地球聯邦軍內的信奉者及以AE社為首的軍事商撐腰，神聖軍事同盟終究也不過是民間組織的集合體。此外，需要費時培育的MS駕駛員極其珍貴，為了盡可能提升駕駛員的生存率，兼具逃生系統功能的核心戰機機構自是非導入不可。另一方面，將機體分割為三組構件，藉此令模組小型化，也使規模較小的工廠得以參與製造作業。確實，LM312V04「VICTORY」最終便是以模組為單位，在歐洲地區的地下工廠進行生產，此特殊設計的成果由此可見一斑。■

VICTORY GUNDAM

【機體規格】

頭頂高：15.2m
本體重量：7.6t
全備重量：17.7t
裝甲材質：鋼達尼姆合金超級陶瓷複合材
發動機出力：4,780 kW
推進器推力：7,390 kg×2、4,420 kg×8
駕馭姿勢用推進器數：34座
武裝：巴爾幹砲×2
　　　光束軍刀×2
　　　光束護盾×2
　　　硬點×8

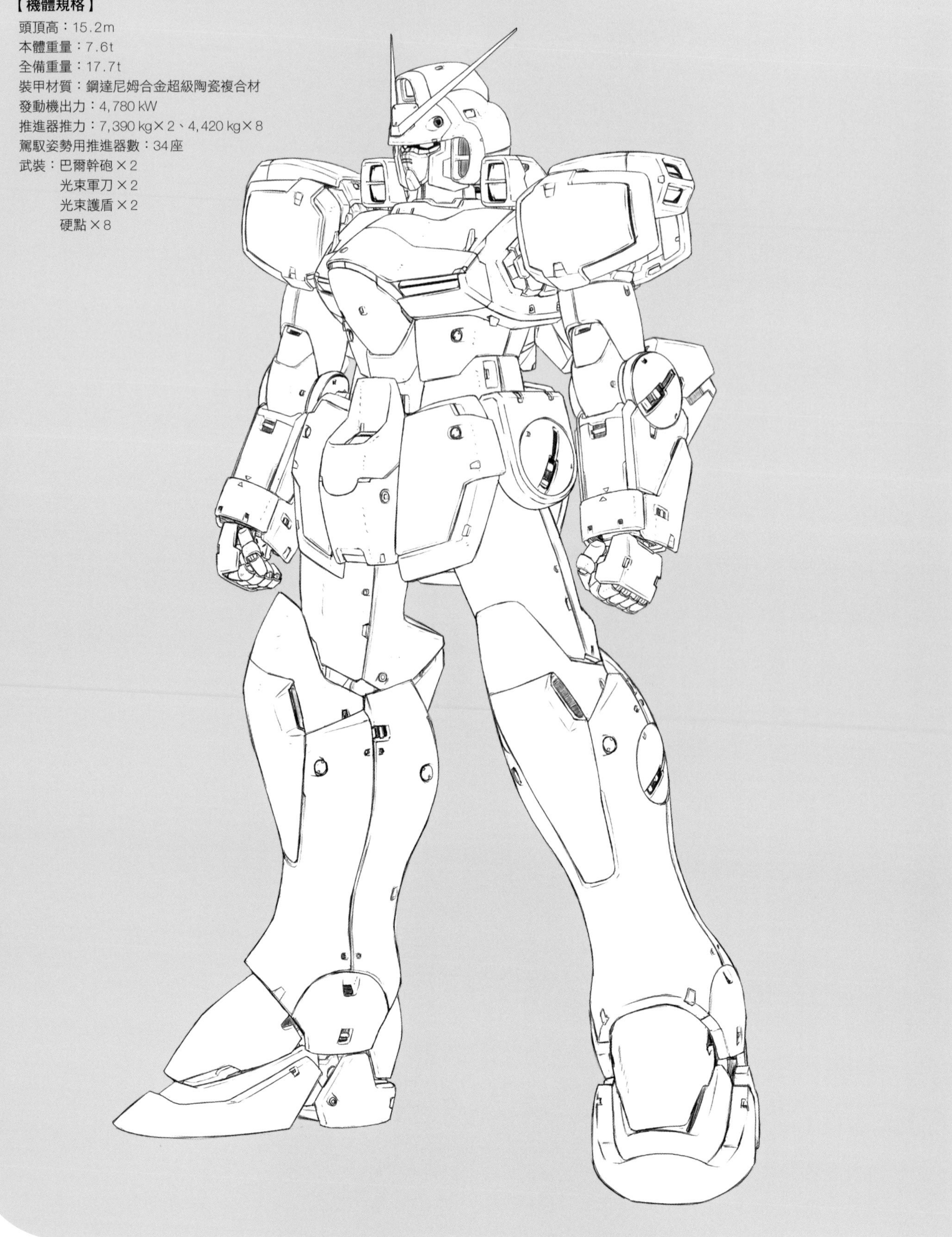

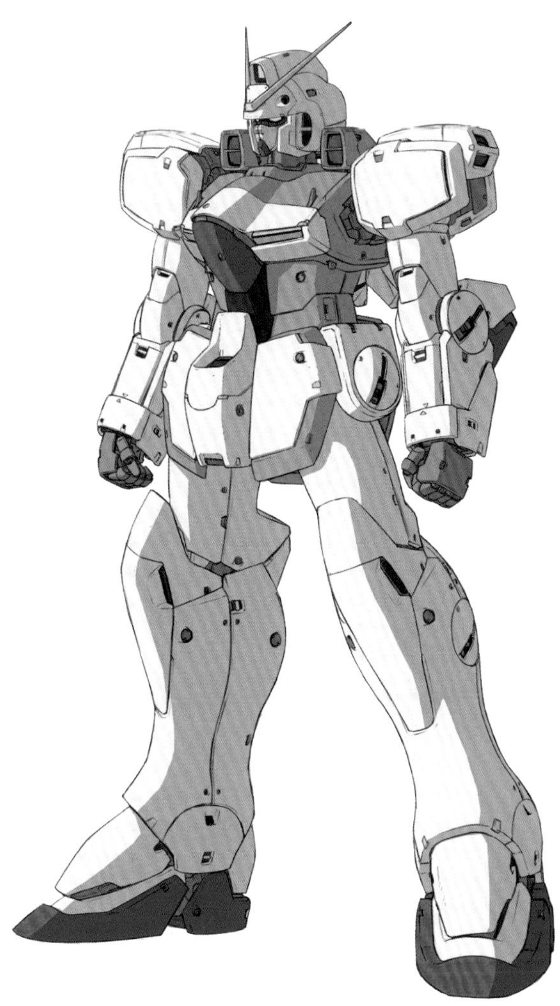

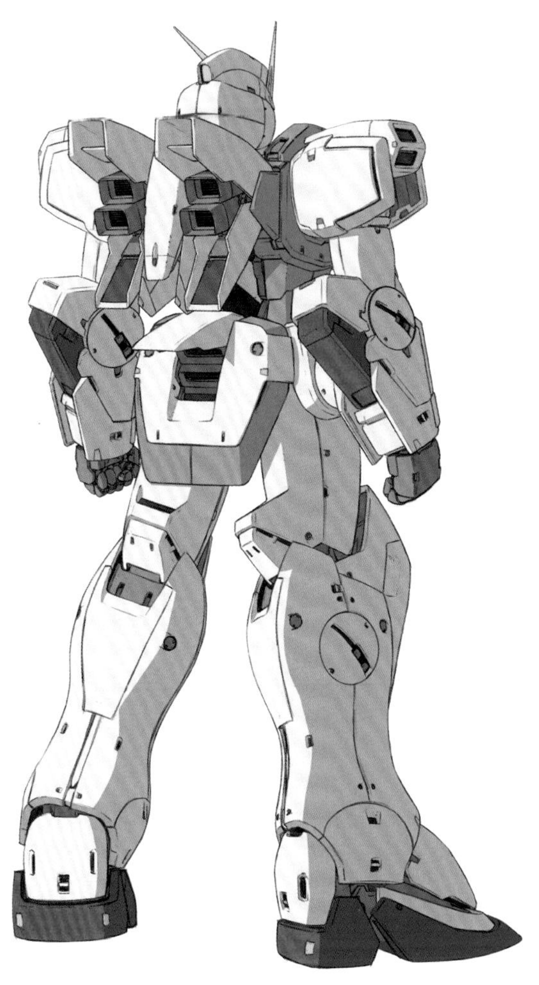

「VICTORY」型搭載了米諾夫斯基飛行系統，作為新的推進方式。系統本身與推進劑的重量都縮減到極限，成功獲得15米級MS所追求的理想重量配比與機動性。

■LM312V04〈VICTORY〉

在V計畫的初期階段，非可變形的通常型MS——LM111E02「鋼伊吉」（參照第92頁）誕生後，身為主打的合體變形式MS雖同時並行開發，但開發據點自月面的聖約瑟市郊外轉移至地球的歐洲地區。之所以如此決定，首先是因為鍩元素工廠規模過小，一旦LM111E02開始製造實機與量產，顯然會導致新型機的並行開發受阻。此外，將合體變形式MS的生產線設於地球之計畫，似乎也在背後推了這個「搬家行動」一把。在地球歐洲地區，仍存有舊世紀時代的汽車或飛機製造廠之遺跡，因此便出現轉用這些設施，製造祕密工廠的計畫。因此從製造試作機與構築量產體制的觀點看來，將開發場所轉移至地球也是個利多的選擇。就這樣，以歐爾·紐葛為首的開發陣營主成員都離開了月面，暗中降至地球。

那麼，再次回到新型合體變形式MS這位當事者。一如LM312V04這個型式編號所示（編號的開頭英文「LM」代表神聖軍事同盟製，隨後的三位數字則依序表示「模組數量／發電機數量／主推進器系統數量」），是具備分離機構的機體，由三模組、一座發電機，以及兩座主推進器系統所構成。接著就來看看機體的詳細內容吧。

首先，這裡提到的三模組，就是成為機體中樞的核心戰機、上半身的TOP RIM，以及下半身的BOTTOM RIM。這些模組雖然都能個別獨自運用，但必須注意

LM312V04 LM312V04 <VICTORY>

VICTORY GUNDAM

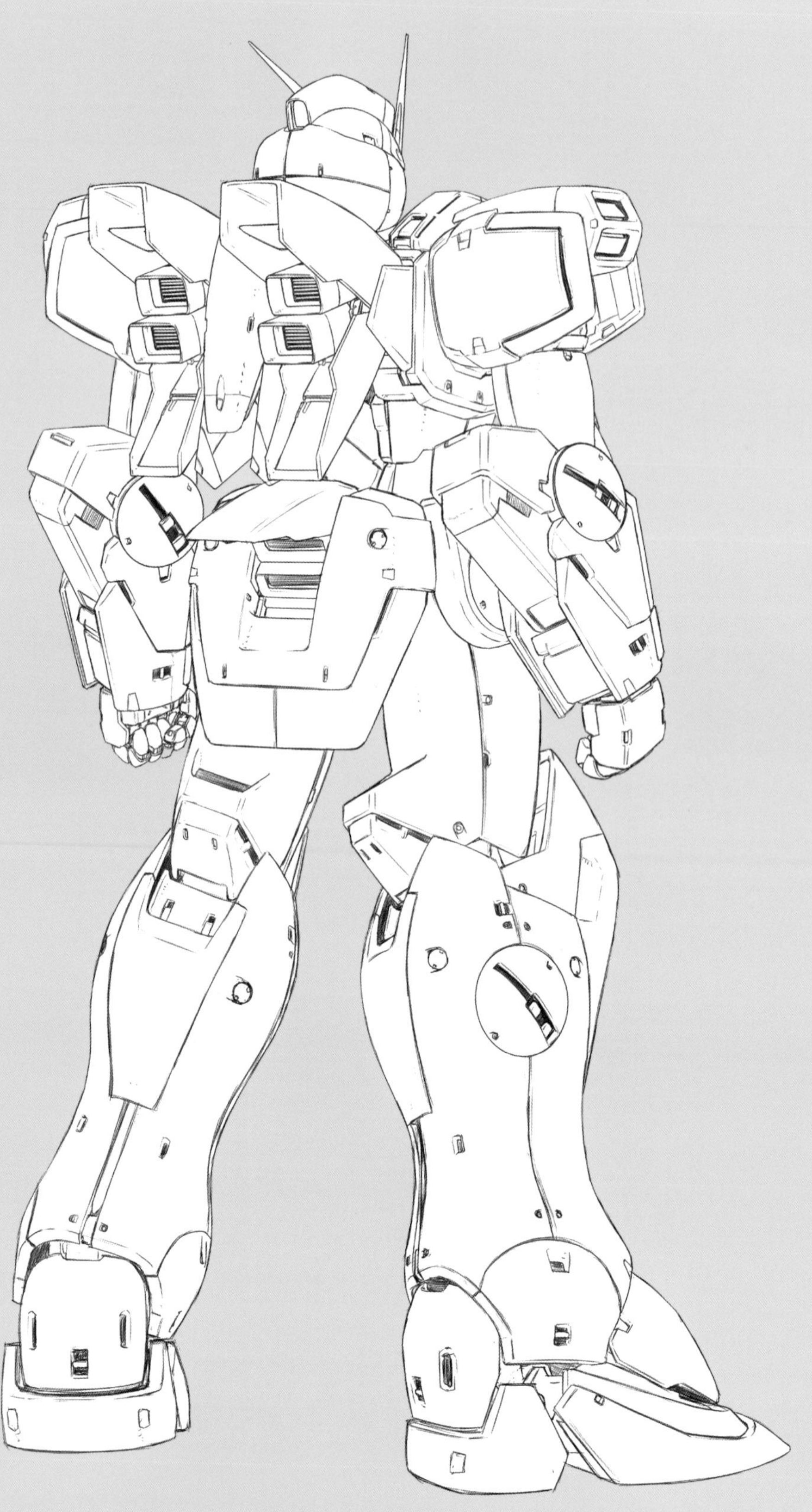

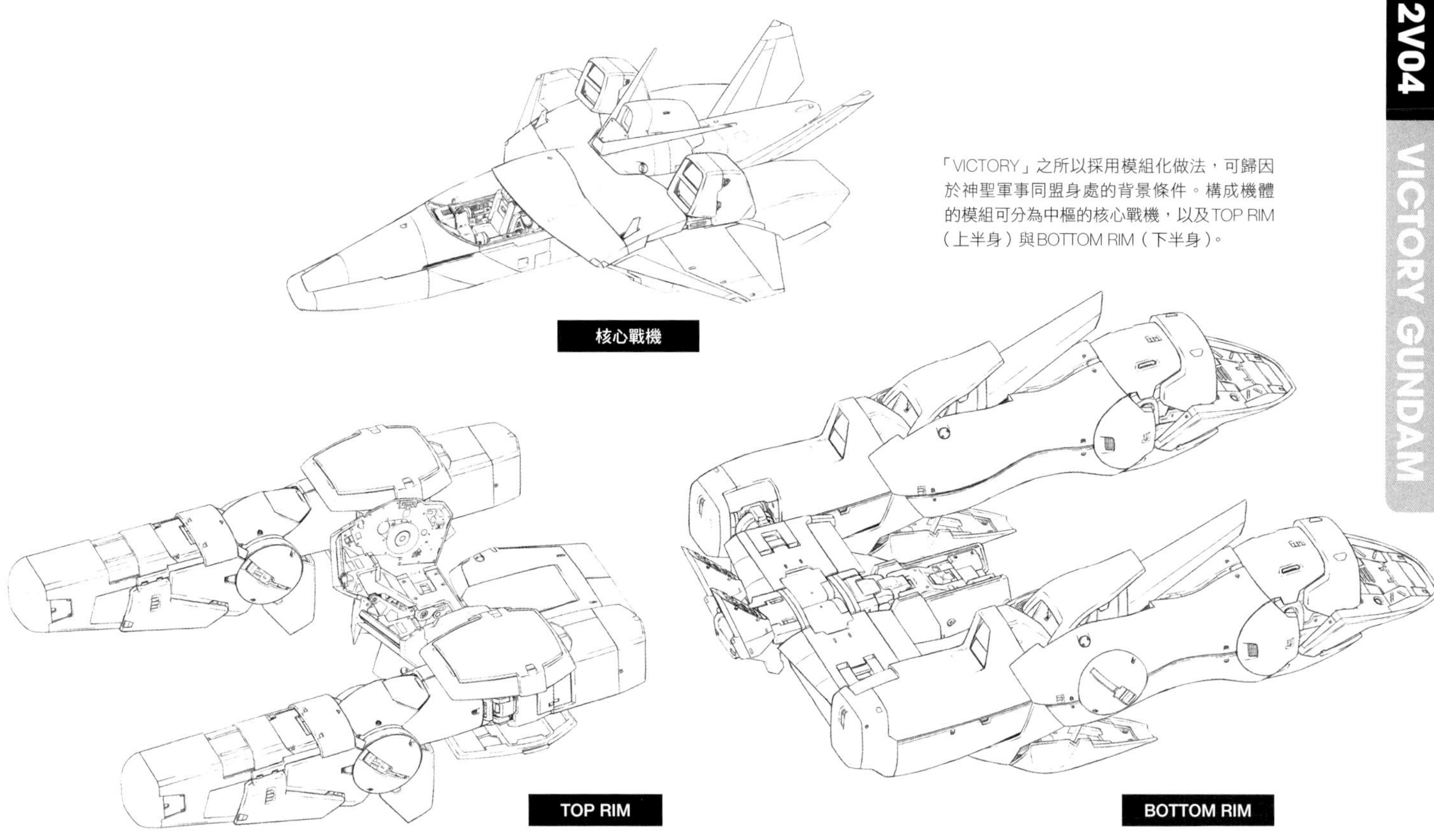

「VICTORY」之所以採用模組化做法，可歸因於神聖軍事同盟身處的背景條件。構成機體的模組可分為中樞的核心戰機，以及TOP RIM（上半身）與BOTTOM RIM（下半身）。

主發電機只有單一系統。設計上，合計出力4,780千瓦的發電機主機只安裝於核心戰機內，想單獨運用TOP RIM或BOTTOM RIM時，必須仰賴內藏的電池（能源匣）或靠核心戰機傳送微波電力。此外，兩座主推進器系統只存在核心戰機與BOTTOM RIM上，TOP RIM不具備主推進器系統。因此，TOP RIM的單獨機動性相當受限，幾乎不可能進行戰鬥機動。有鑑於此，TOP RIM除合體狀態外，運用時幾乎都是與核心戰機組成「TOP FIGHTER」狀態，單獨運用的案例非常稀少。

除了上述的特徵之外，還有一項需要特別一提的特點，就是本機繼承了S.N.R.I.製的F計畫機所嘗試的「設計包」構思。LM312V04的機體各處都設有「硬點」，這是為了方便增設各式選配兵裝。從這一點也可隱約看出神聖軍事同盟「單一機種多樣運用」的小型組織思維。由於這些硬點的能源供給系統等規格乃依循國際標準設計，因此除了後述的專用兵裝，似乎也可運用地球聯邦軍所採用的各類制式兵裝。

最終式樣確定後，歷經數件試作工程，機體便進入建造實機的階段。神聖軍事同盟隨即於同時期召集測試駕駛員瑪貝特・芬格赫，盡速組成了試驗運用部隊「卡美昂（拖車）隊」。這是因為本機的各模組都在個別的祕密工廠製造，想進行運用測試，也得先將所有模組回收才行。結果卻在回收途中遭到貝斯帕的黃夾克捕捉，LM312V04「VICTORY」只好這樣順手推舟地投入實戰，但這又是另一段故事了。

順帶一提，關於本機的暱稱，原本只是相當單純地為祈求勝利而命名為「VICTORY」，但卡美昂隊在運用時稱呼為「鋼彈」，以作為反抗的象徵，於是「VICTORY鋼彈」與「V鋼彈」這些暱稱便慢慢深植人心。神聖軍事同盟本身既非正規軍事組織，要以何者為正式名稱自然也意見分歧，但本機之所以擁有多種名稱，實為肇因於上述經緯。

LM312V06 LM312V06〈HEXA〉

V GUNDAM HEXA

【機體規格】

頭頂高：15.2m
本體重量：7.6t
全備重量：17.7t
裝甲材質：鋼達尼姆合金超級陶瓷複合材
發動機出力：4,780kW
推進器推力：7,390kg×2、4,420kg×8
駕馭姿勢用推進器數：34座
武裝：巴爾幹砲×2
　　　光束軍刀×2
　　　光束護盾×2
　　　硬點×8

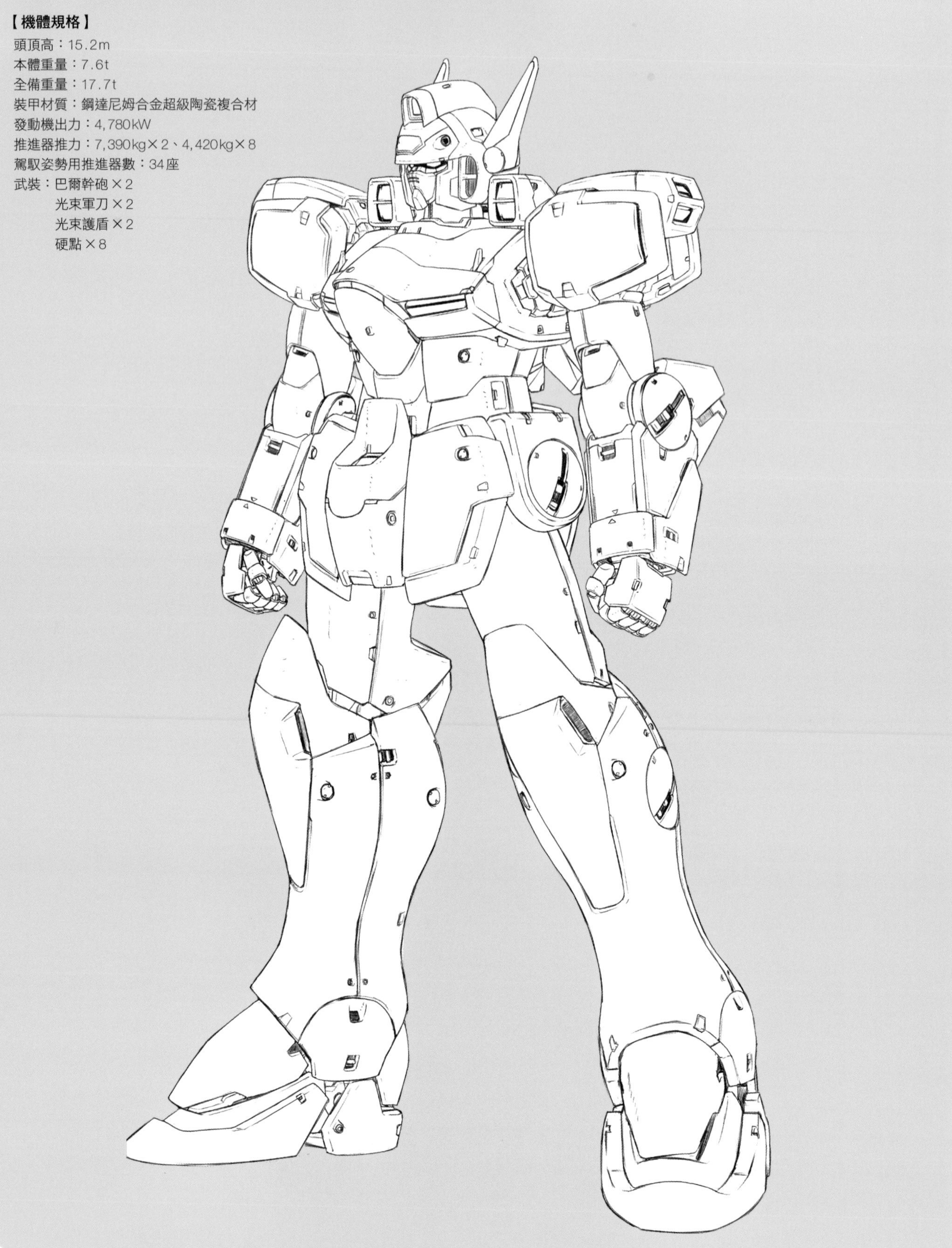

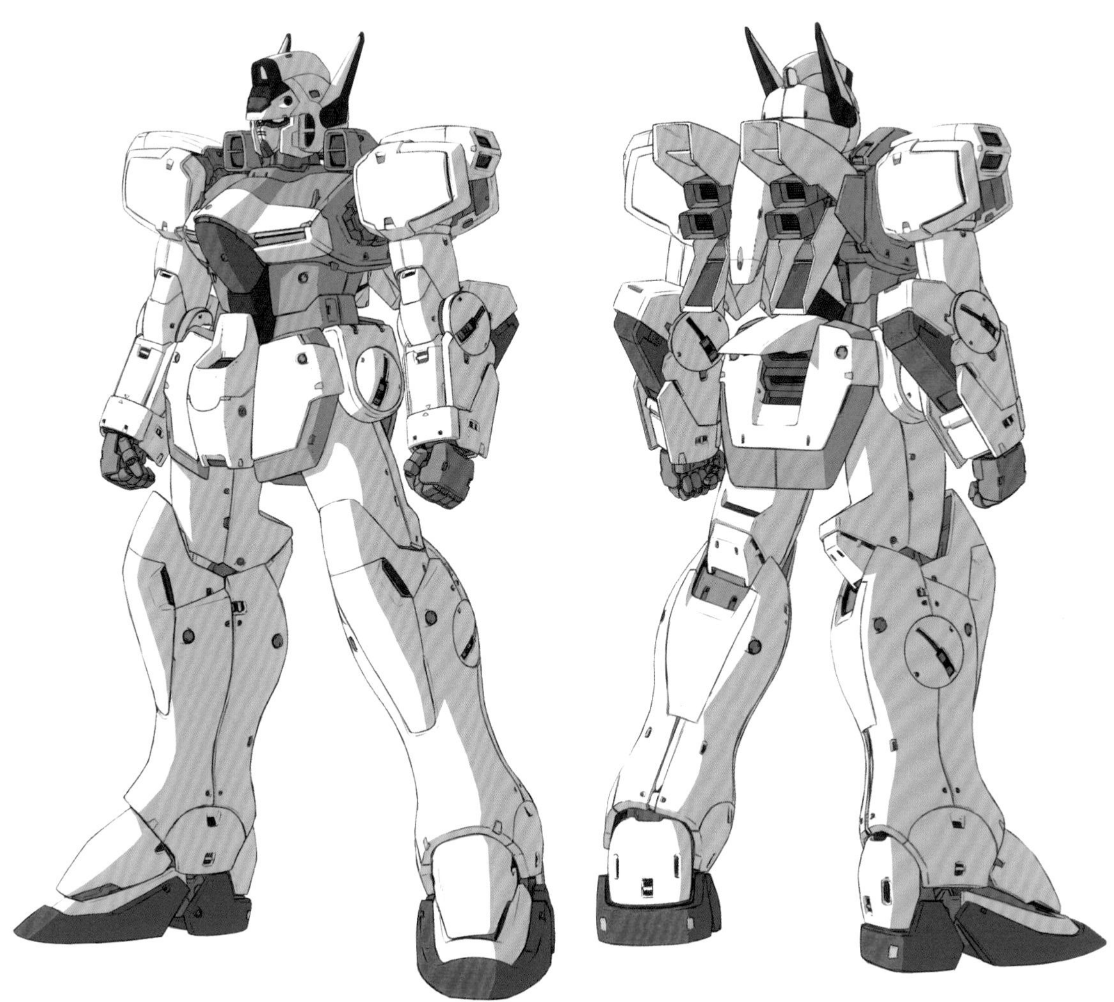

「HEXA」當初預定為強化通訊管制能力的指揮官機所用的配備，但後來主力部隊舒勒隊的全部機種都更換為本機。基本性能與「VICTORY」無異。

■LM312V06〈HEXA〉

以強化通訊機能為目的，對LM312V04「VICTORY」之頭部單元組件施予變更的調整升級型機體。就神聖軍事同盟製MS而言，是總計第六架的機體，因此命名為「HEXA」。

變更的內容，是在相當於額頭的部位，以高性能複合感測器取代LM312V04的註冊商標V字型天線，並於頭部側面增設通訊用高精度角形天線。原本計畫要配備為指揮官級機體，但設於月面的V04生產線後來已完全交替為V06的式樣，因而成了「VICTORY」型實質上的後期生產型。像神聖軍事同盟的主力部隊「舒勒（伯勞鳥）隊」，的確就以部隊為單位進行E03變更至V06的機種轉換。換言之，本機並未特別限定作為指揮官機運用。

順帶一提，HEXA頭部單元組件以外的部分都與LM312V04如出一轍。只是，後期於月面生產的BOTTOM RIM將腳踝裝甲的塗裝由白色變更為藍色，所以V06大多都繼承了這項特徵。

LM312V06 LM312V06〈HEXA〉

V GUNDAM HEXA

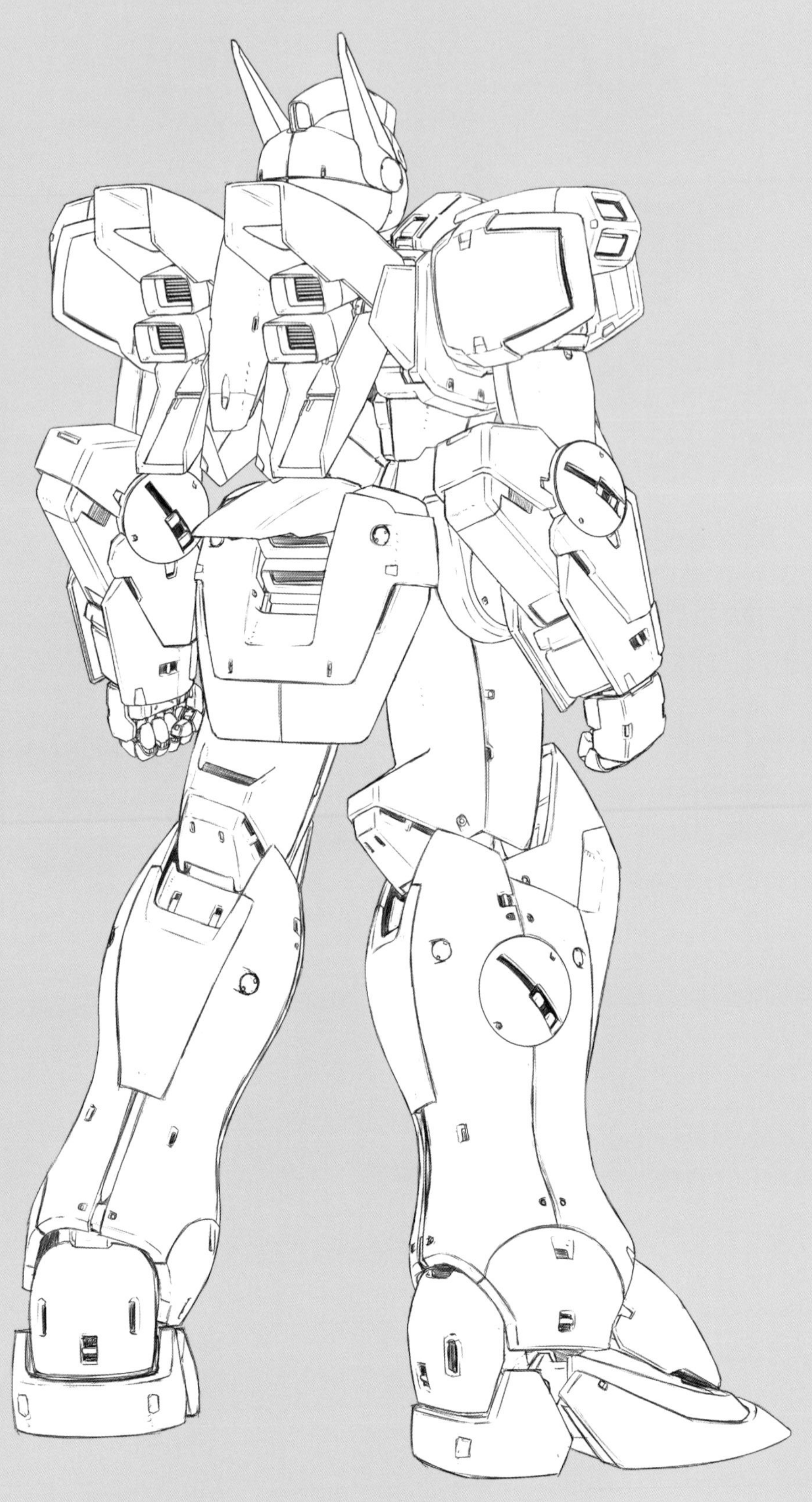

STRUCTURE AND SYSTEM OF VICTORY GUNDAM

V鋼彈的構造與系統

本單元將針對神聖軍事同盟的主力機體以及反攻旗手的機體──LM312V04「VICTORY」，解說其構造與系統。本系統機擁有諸多稱法，因此內文使用較廣為人知的「V鋼彈」統一稱呼。只要文中沒有特別說明，幾乎同型的「HEXA」便也包含在內。

V鋼彈的動力

自從出自米諾夫斯基與尤內斯庫之手的核融合發電機實用化之後，地球人類於當時所抱有的能源問題雖大多迎刃而解，但同時也催生出機動戰士這種兵器分類。其後歷經七十餘年的反覆改良，現在的發電機主要原理已由D-^{3}He（氘－氦-3）反應轉變為p-^{11}B（質子－硼-11）反應，可直接產生電力。這種新型發電機除了大幅提升出力之外，同時更進一步地小型化，不但使人類不再需要遠赴木星採取氦-3元素，也理所當然地影響到MS的開發。一直以來，MS的大小都取決於發電機，只要搭載出力較大的大型發電機，或搭載多臺發電機，性能面就能有明顯的提升，因而MS有持續巨大化的傾向。相對地，小型高機動MS的有效性雖然也獲得了證明，並持續推動開發，但高性能的小型發電機卻遲遲難以實現，導致開發狀況始終不理想。因此，拜新型發電機完成之賜，15米級小型MS的開發工程一口氣大幅邁進。關於小型MS的開發就留待其他專欄說明，這裡還是先針對「V鋼彈」的動力、驅動裝置等項目繼續解說。

發電機

「V鋼彈」所搭載的發電機基本上與向來的米諾夫斯基・尤內斯庫型熱核反應爐無異，但核融合的主反應一如前述，由D-^{3}He反應轉變為p-^{11}B反應，這種反應所需的硼的放射性同位素不單只存在地球，連月球或小行星等處皆可採掘，相當容易取得。此外，主反應幾乎不會產生放射線，固可省略遮蔽設備，順利達成系統精簡化的目標。再加上可將輸入訊號用的雷射發生器數目壓至極低，因此機器本身的規模也可控制在極小範圍。而且電力又可直接自生成的α粒子中取得，能源損失極少，可得到更多的電力。

機體在核心戰機內設有一座主發電機，由此供給驅動全身所需之能源。而設於機體各處的駕馭姿勢用米諾夫斯基飛行組件中，也設有小型低出力的發電機，「V鋼彈」的小型發電機數目為20座，後述的「V2鋼彈」則為24座（噴嘴與發電機的數量並非對等）。另外還同時開發了高效率小型能源匣，可提升緊急出力，所以發電機本身可以毫無後顧之憂地小型化。

推進裝置

「V鋼彈」與「V2鋼彈」的推進裝置與既有MS大相逕庭，採用的是直接利用米諾夫斯基粒子的系統。不過還有另一項重大特徵，就是V鋼彈與V2鋼彈雖同樣都利用米諾夫斯基粒子，搭載裝置使用的卻是完全不同的原理。

從推進系統觀點所見之「V鋼彈」

U.C.0100年代的MS開始因各式各樣的理由走上「小型化」之路，這點已經在開發史專欄中提及。為實現此目標，最重要的當然莫過於發電機的小型化，但對於技術發展而言，同樣不可或缺的就是能賦予MS高機動性的推進器。

所謂推進器，就是透過某種手段產生推力的機構。既往的宇宙航行機等機體乃運用推力進行一切的「機動」行為，相較之下，MS因本身軀體設計實現了AMBAC的概念，所以得以不仰賴推力就實行某些AMBAC動作，從而獲得戰術機動體的地位。在談論「MS的抬頭」與「米諾夫斯基粒子的出現」之關聯性時，雖然常會產生誤解，但對於「米諾夫斯基粒子散布環境下」這種特殊條件而言，MS之所以能確保更勝其他宇宙機種的優勢，乃肇因於殖民地墜落作戰這種伴隨相關作業的戰術，與設計為人型的MS屬於天作之合，以及MS可在不損及機動性的情況下因應作戰內容替換多種武裝等緣故。就算可因此將「散布於戰鬥空域的米諾夫斯基粒子使MS成了戰場的主角」詮釋為上述前提的結論，單看這句話的內容還是會顯得過於飛躍。

不過，AMBAC在MS的「機動」行為中，能使機體不透過推力就實行的動作終究也只限於一部分動作，好比姿勢變化等等。至於移動，尤其是軌道遷移仍然需要巨大的推力。MS優於其他宇宙機之處，並不只是限定戰鬥空域中的「敏捷性」，而是與某種程度的「空域間移動力」合併考量後其複合能力勝出，所以才能以主力兵器的身分君臨地球圈。為發揮這種「空域間移動力」，可變形MS才會作為第三世代的MS誕生，試圖更有效地運用推力。簡單說來，對於MS而言，推進器就與既往的兵器一樣，位居機體構成要素的最重要地位。

雖屬題外話，但是在舊世紀的宇宙機中，推進器因為是會產生能源（＝推力）的動力源，而被冠以「引擎」之稱。在進入宇宙世紀後，廣泛運用在發電上的核融合爐（＝發電機），與引擎這個用語已經形同同義詞，至今仍不時見到混用的情事。在解讀過去的文獻時，需要稍微留意這點。

率先著手進行小型化MS開發的S.N.R.I.催生出迷你核融合爐後，U.C.0100年代後的MS開發趨勢轉眼間為之改變。然而，對MS而言同樣不可或缺的推進器領域，卻可說是難以趕上這波潮流。至少，在U.C.0150年代實際運用的大部分MS身上，看到的仍是直接套用舊有系統的現象。

推進器是以某種物質作為推進劑（燃料），產生噴射並利用反作用力推進。推進劑使用的物質會因系統而異，但原理簡單說來即是在物質上施加能量進行噴

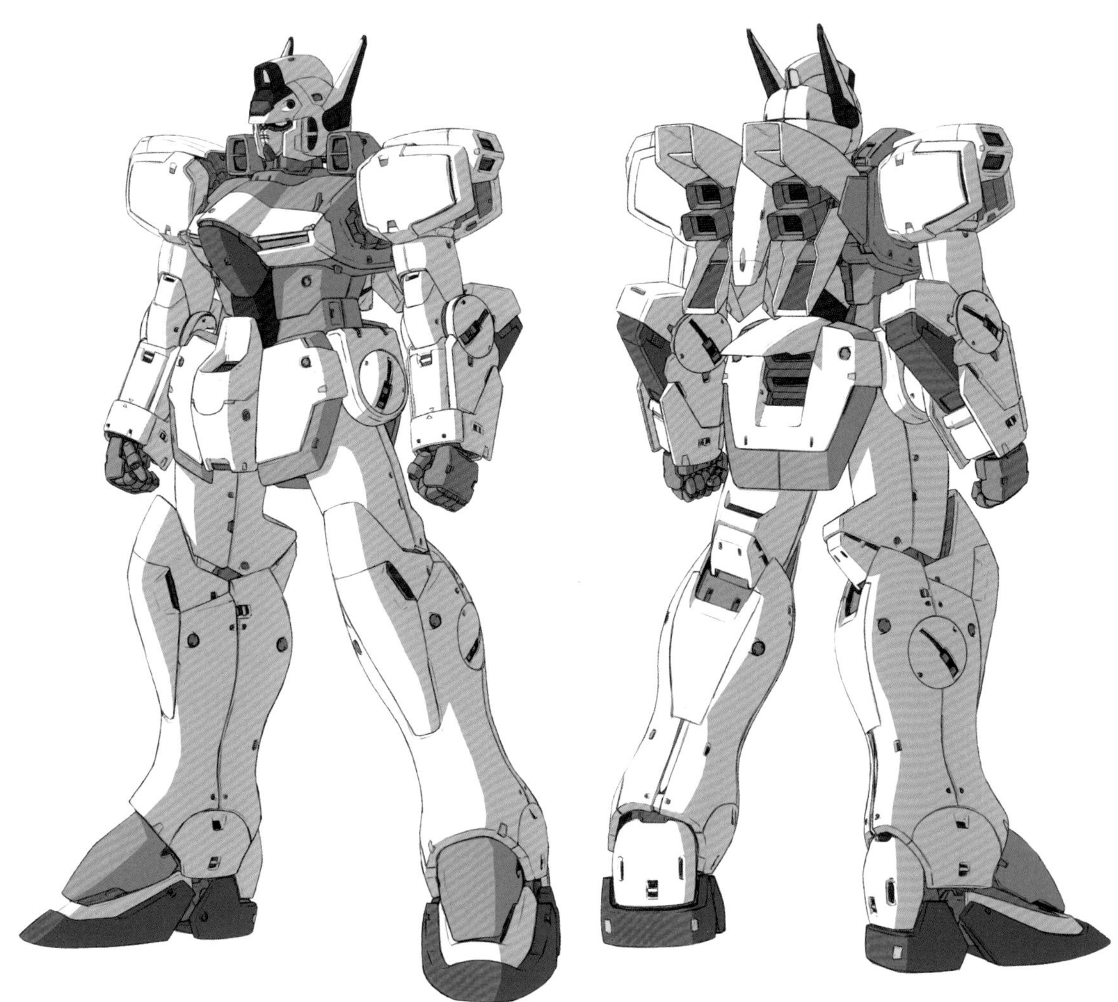

於月面生產的BOTTOM RIM，在腳踝前裝甲的塗裝上用色不同。「HEXA」型機體大多都具備此一特徵。

射。舊時代的系統是利用燃燒這種物理現象，使物質氣化膨脹產生壓力，離子推進器則是透過電磁作用加速氣體等物質。無論如何，要如何將這些規模過大的原理化繁為簡，收至小尺寸的空間內，是打從MS開發黎明期就存在，且無可動搖的課題。

簡單來說，只要能一口氣將推進劑變換為噴射所需能源，就能產生巨大推力，增加MS的機動性。而為了延長動作時間，機體內必須積載大量推進劑，但滿積載時所增加的機體重量又會導致機動性下降。隨著MS各自的運用目標不同，這方面的均衡拿捏自然有所差異，因此雖然不能一概而論，但巨大又沉重的推進系統在機體內要如何配置，就算到了U.C.0150年代仍是令技術人員頭痛不已的問題。貝斯帕在侵略地球時，於實戰中投入了各式各樣的MS，其中還可發現將整座渦輪扇發動機直接裝入腳部，幾乎堪稱苦肉計的設計。像這樣的嘗試，與其說是製作小組迷失方向，或許更應該視為彰顯「作為推力發生裝置運用的推進器系統，對於MS而言是何等重要的存在」的最佳範例。

在這種狀況始終維持的歲月中，S.N.R.I.似乎也持續開發著能從概念層面徹底顛覆推進方式的新系統。這個領域的研究少說也是從U.C.0100年代就開始起跑，其中最受矚目的果然還是從米諾夫斯基物理學延伸發展的理論。

當初剛提倡米諾夫斯基物理學時，研究的是利用米諾夫斯基粒子之格子構造所產生之斥力的系統。在始自U.C.0079年的一年戰爭中，已經有部分米諾夫斯基飄浮裝置實用化。此外，在U.C.0100年代早期，雖有事實指出名為RX-104FF「潘尼洛普」的機體已裝配MS搭載型的米諾夫斯基飛行組件，但該機體的規模較當時一般的MS更為巨大，與日後的MS小型化走向背道而馳。

終於，到了U.C.0150年代，出現了一種構想，讓系統不必非得內包在MS機體內不可，也就是所謂的光束旋翼。

光束旋翼是貝斯帕侵略地球時配備的MS所裝備的系統，目的在於擴充既有MS的單體廣域展開能力。拜此之賜，以往得仰賴Base Jabber噴射器等輔助飛行系統搬運MS的作戰，都可單由MS執行了。這對於作戰立案與運用面而言，堪稱劃時代的研發。

光束旋翼的實用化當然是一項革新，但原理與其說是純粹的推進系統，其目的更接近在重力下令自機浮遊（可產生抵銷自機重量的上升力），就推力發生裝置的觀點看來，還屬於相當貧乏的內容。另外，光束旋翼所運用的技術，乃轉用自U.C.0090年代就已確立的光束護盾原理。光束旋翼與光束護盾所使用的米諾夫斯基粒子相關科技與I力場的技術，則各自可追溯至一年戰爭時期，不過到發現融合這些技術可產生新效果為止，總共花費了大約五十年的光陰。

然後，走到這一步，S.N.R.I.也總算對於如何將新系統實用化理出了些許頭緒。V鋼彈所搭載的「米諾夫斯基飛行器」乃作為推進系統內藏於機體中，同時又與既有的系統有著絕大的差異，其最大優點就是小巧。換言之，在機體小型輕量化的潮流下，最令人求之不得的推進系統終於具備實用等級的規模了。

尤其對小規模機體而言，機體構成要素的輕量化可以帶來超乎預期的效果。因為進行AMBAC機動的MS，其機體的重量分配拿捏至關重要。以V鋼彈來說，正是因為促使推進器機動的米諾夫斯基飛行組件乃小型輕量系統，才能妥善地分配在四肢適當的部位，提升AMBAC機動的效率。就算全體重量與其他MS半斤八兩，只要重量分配有所出入，舉動上就會表現出極大的差異。而且，米諾夫斯基飛行器又有別於向來的MS，不須仰賴推進劑。以往的機體必須在推進系統附近設置推進劑箱，一旦推進劑箱遭破壞，該處的推進系統便無法動作。而V鋼彈不必設置推進劑箱，只要有發電機用的反應劑箱，或是能源匣即可；就算其中一處的供給路徑被斷，只要還有其他路徑存活便可動作無礙（當然總活動時間會減少）。且導電路徑內包於構造體內，所以想如何接管繞道都行。就整體結果看來，V鋼彈的存活性能大大超越了既往的MS。

V鋼彈的推進裝置

V鋼彈所搭載的推進裝置並非既往MS的化學火箭或是熱核融合火箭，而是一種利用其豐富電力的離子火箭引擎（只不過還保留部分的舊型噴嘴式推進器）。這種推進裝置會透過高壓電，將發電機所生成的米諾夫斯基粒子電漿化，送入更強的磁場中，如此電漿內流動之電流與電漿化的粒子之間，會產生羅氏力將電漿向外推擠，形成推進力。V鋼彈的這種推進裝置就叫「米諾夫斯基飛行器」。

一般情況下，米諾夫斯基粒子會構成立方格子，所以無論施予多高的電壓或高溫都不會電漿化。也因為具備這項性質，才能完全封住核融合電漿。不過近年發現在高溫低壓的膨脹室內填充米諾夫斯基粒子，並搭以具備一定周波數的強脈衝磁場，便能使粒子電漿化。隨之開發的引擎就是利用這種性質，將米諾夫斯基粒子直接作為推進劑使用。

這種新式引擎有別於米諾夫斯基飄浮裝置，利用的不是力場反作用力，而是釋放米諾夫斯基粒子時的反

■V鋼彈的推進機配置

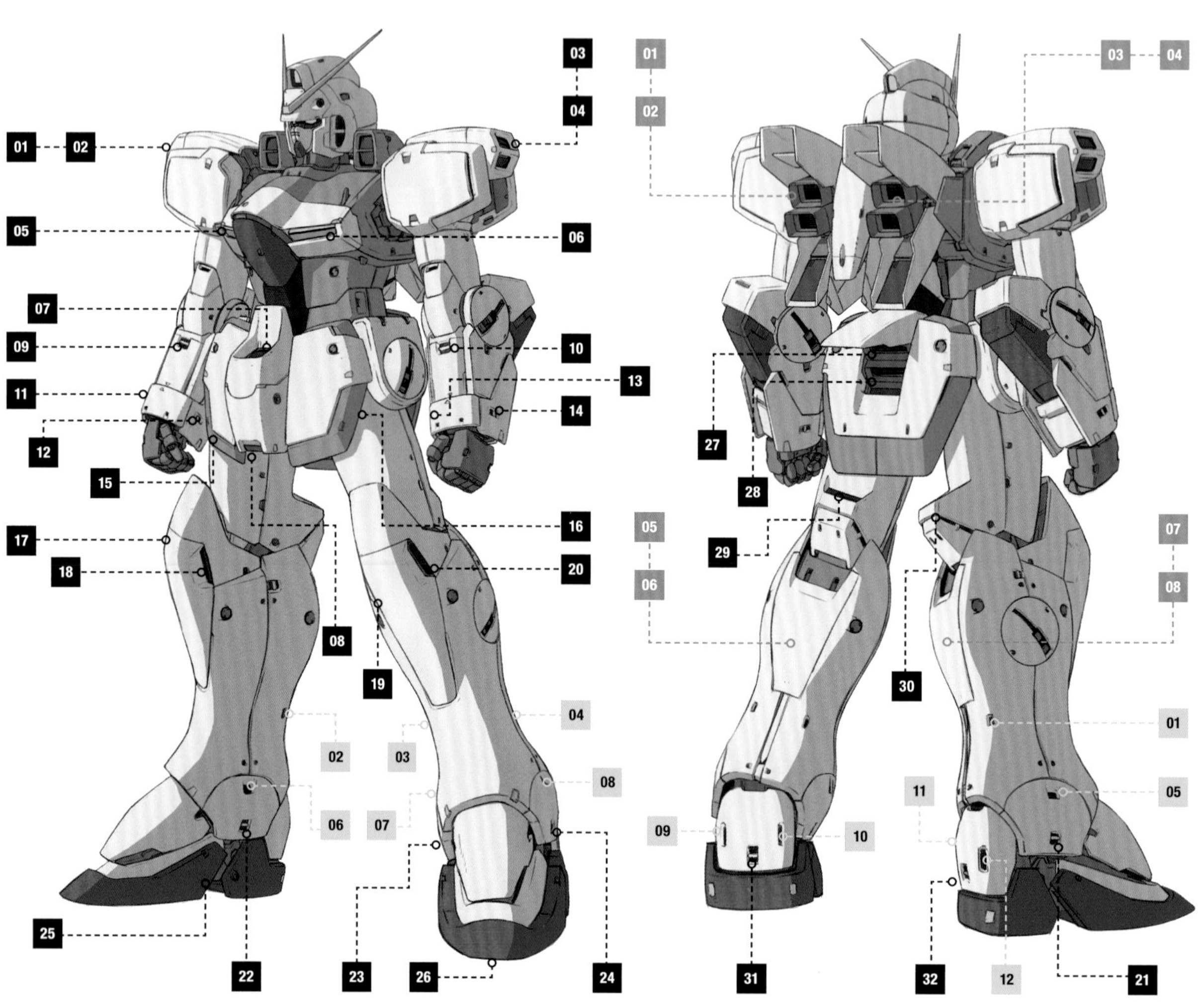

※綠色處乃舊型的低出力噴嘴式推進器，其餘都是米諾夫斯基飛行器噴射口。上述總稱為遠地點馬達，初期合計有34座，後來兩種皆有增設（上圖為增設後機體）。藍色是主系統的米諾夫斯基飛行器，比其餘出力要高。

動，所以產生的推力極大。只是，米諾夫斯基粒子特有的力方格子會在電漿化過程遭到破壞，因此與既有的離子引擎同樣需要中和電荷的裝置。即使如此尺寸仍遠小於既有的引擎，所以V鋼彈所搭載的推進器就是這個幾乎與發電機一體化的組件。這種與發電機一體化的引擎，「V鋼彈」搭載四座較大型的引擎，機體上下半身各兩座。其他還有為了駕馭姿勢及輔助推進而裝設於機體各處的小型推進器，合計共34座。

這種米諾夫斯基飛行器在過去文獻中曾被歸類為遠地點馬達。遠地點馬達這種用語原本所指並非駕馭姿勢的推進裝置，而是軌道遷移用的大出力裝置。出力的絕對值及用途五花八門，但與噴嘴式（＝輔助）推進器混淆的結果就是，用以令MS改變姿勢的推進器就在慣例上稱之為遠地點馬達。有鑑於此，就「V鋼彈」而言，只要提到遠地點馬達，可以認為指的就是小型米諾夫斯基飛行器。此外，34座這數目是初期生產型的內容，日後似乎還有增設更多推進器的機種。

由於可透過電磁方式控制噴射方向，不存在可變葉片，因此從外部看來就像是只以面板蓋住一般。事實上，將米諾夫斯基粒子朝外界釋放的機構並非噴嘴，而是這片面板。似乎是因為面板以設於外版凹槽內的案例居多，往往將其視為噴射口並稱之為「噴嘴」，這個慣稱也因此延續下來。

V鋼彈的驅動系統

集束型力場馬達

自RX-78「鋼彈」起用以來，便持續沿用的MS關節驅動用力場馬達，也在歷經重重改良之後，重新開發成集束型力場馬達給「V鋼彈」與「V2鋼彈」運用。

力場馬達乃利用米諾夫斯基粒子產生兩個I力場，透過斥力與引力加以運作，因此反應速度快，可迅速動作並確實停止；且可動部分少，不易故障，縱使故障也只要替換整個單元組件，短時間即可修復。但相對地系統構造精緻，被彈抗性低，一旦外框損傷便可能造成I力場失衡，導致機能停止。

為克服這樣的弱點，提出的計畫便是由多座極小型力場馬達所構成的集束型構造。極小型力場馬達的大小約為既往小型力場馬達的二十分之一，以16～24個排列為圓環狀，再透過利用I力場的離合器合成出力，收納於一個框體內，便成了集束型力場馬達。集束型有別於啟動時需要大量電力的單體型，即使只有低電壓亦可確實啟動，在變動電壓下也能保持安定動作。

好比說，以往的MS在射擊光束步槍或頭部巴爾幹砲時，或是剛射擊後的瞬間，有時會因為系統電壓下降，導致四肢關節動作出現極短暫的延遲。這樣的延遲在戰場上已足以致命，因而有許多駕駛員對此深感不滿。一直以來的作法都是在能源匣的控制上下功夫以應對，而集束型並不會有這種延遲，可減輕能源匣的負擔。況且向來的力場引擎一損傷，會連同其下方部位在瞬間停止運作，讓機體連脫離戰域都成問題；相較之下集束型就算外框破損，功能面也不受影響，就算因被彈導致數個極小力場馬達故障，只要其他馬達還在運作，就可繼續運用（當然性能會低落）。好比說，有些狀況下可能因手臂關節損傷，無法繼續使用光束步槍，但想換持較輕量的光束軍刀則是可行的，如此便可繼續戰鬥，提高生還的可能性。

模組構造系統

「V鋼彈」採用由三項模組構造組成的分離合體系統。

這種類型的分離合體機構以核心戰機為中樞，搭配TOP RIM（上半身／機架）與BOTTOM RIM（下半身／鞋子），共三項模組構成MS機體。雖然各組件皆可變形為適合飛行的形狀，但那並非以飛行為考量的最佳化外型，飛行能力也不一定有既往航空機那般洗鍊。畢竟採用前述的米諾夫斯基飛行器之後，不必再仰賴飛翼與前進推力形成升力。主翼與其他構造的用途已不是產生升力，而是作為動翼輔助姿勢的駕馭。

至於採用分離式模組構造的原因，雖然可以推敲出不少理由，不過最為常見的說法──將核心戰機作為逃生系統以提高駕駛員生存率，這種理由似乎只是一項副產物。

確實，核心戰機只要能單獨發揮匹敵航空機的機動性，那別說是逃生，甚至可執行脫離戰場的行動，因此中樞電腦與記憶儲存媒體等核心構件，還有駕駛員的回收率都會因而提高，避免痛失高成本零件與費時育成的貴重人才。就這方面而言，這種逃生系統乍見之下確實很有用，但反過來想，在狀況已經惡劣到必須捨棄機體其他部分時，要保證只有核心戰機毫髮無傷，恐怕不是易事。若能有這般幸運，當然要藉機逃生，但作為逃生系統使用終究只是其次，原本的設計目的並不在此。

如此設計的主要理由有二，其中最重要的是V鋼彈的根本設計概念，就是基於以核心部分為中樞，透過模組化組件發展能力的思想延伸而成的。

自MS實際於U.C.0079年現身於戰場，地球聯邦軍開發了RX-78「鋼彈」後，其精神便綿延維繫至「V計畫」的MS及周邊機材。這些計畫產物在以核心戰機這個中樞部為主軸運用的思想上，都與V鋼彈相同。也就是讓教育型電腦學習駕駛員固有的操作條件（即駕駛員的習性），經驗越是累積，機體駕馭程式就越會達到最佳化。只要能攜回戰鬥數據加以並列化，就能在同類型的單元組件間共享，如此便不限於部隊內，軍隊全體的運用能力皆可獲得提升。在這層意義上，模組化構想本身可說是從MS黎明期就已存在的思想。

然而就V鋼彈而言，雖有些相似的部分，但還是有別於初代RX-78「鋼彈」。說得極端點，V鋼彈的設計精髓，在於保有與核心連結的模組於式樣上的多樣性，以期藉此擴大作戰適合性的幅度。這種思想雖是「合體變形式MS」的概念，但打算對抗貝斯帕的神聖軍事同盟所身處的狀況卻無法「周到地」推動MS生產計畫，也無法以組織的身分行動。因此，在考量到「憑目前的開發能力，將所有可賦予的性能加諸於MS上」以及「可在不同時期陸續投入高性能單元組件」後，自然演變成採用模組化構想的結果。若在平時，只要將所需要素全部採納，就能全面性推動計畫，但偏偏此事不可行。眾多證言指出，在實戰投入初期，作為中樞的核心戰機都還稱不上完成，因建造急迫，連機體的駕馭系統（即作業系統）都只搭載了類似CUI而非GUI的操作介面。

而另一項理由，就是神聖軍事同盟在上述背景下導致的狀況。先行開發的「鋼伊吉」等機體畢竟戰況還不算過於緊迫，固某種程度上可於特定據點一口氣生產。但著手生產V鋼彈時，將所有工程集中於一個據點進行的風險已經升高。於是，同盟只好藉由模組化方式，將各單元組件控制為小規模構造，試圖讓生產工程分散化。縱使是無法湊齊設備生產整架MS的小工廠，若只是核心戰機，或只是TOP RIM、BOTTOM RIM，要生產還是行得通。同盟便照這種對策緩和生產條件，成功增加了生產據點。此外，由於據點規模小，要瞞過貝斯帕的眼線也就容易得多。實際上，雖有數個據點遭到貝斯帕攻擊，但V鋼彈的生產據點也

確實始終未遭致全滅，得以陸續供給前線補充機體與補修零件。

對於就算在實際作戰行動中也得進行游擊活動的神聖軍事同盟而言，透過模組化縮小單元組件可謂必要之舉。只要能透過小型拖車搬運，行動自由度便會上升。向來用於搬運MS的都是大型拖車，充斥許多因超重或過大而無法度過的橋樑，又無法穿越狹窄道路及山岳地帶，受限情形意外地嚴重。但就V鋼彈來說，不僅可輕易克服這些問題，還多了可混入一般物流的優點，令行動隱匿性獲得飛躍性的提升。

再者，神聖軍事同盟難以將MS直立於機架上整備，整備工作是以積載於拖車內的狀況為前提進行。在這層意義上，分割機體壓低全高，便於在地面附近整備的V鋼彈可說是最合理的設計。

除此之外，V鋼彈的模組化構想於MSZ-010「ZZ鋼彈」所呈現的形式也很類似。RX-78並未賦予核心以外的上半身（A單元）與下半身（B單元）單獨行動的能力。若想要在分離狀態下進行作戰，必要時將零件分送至戰鬥空域，MSZ-010需要額外的核心戰機與駕駛員（上半身雖不一定需要核心戰機，但需要駕駛員），V鋼彈則無論TOP RIM或BOTTOM RIM皆可單體遙控，甚至自律飛行。

貝斯帕在同時代運用的ZM-S08G「佐羅」，也是符合「單元組件分離並各自行動」之概念的機體。不過，這架機體的設計目的單純只是透過增加組件數提高任務相性，賦予其多角化的作戰實施能力，與V鋼彈這種企圖階段性提升能力而採用的模組化概念有所差異。

V鋼彈的模組化構造概念，就是在這種意義上與其他機體有著不同層次的革新。■

CORE FIGHTER

【規格】

全長：8.6m
發動機出力：4,780kW
推進器推力：7,390kg×2
武裝：巴爾幹砲×2

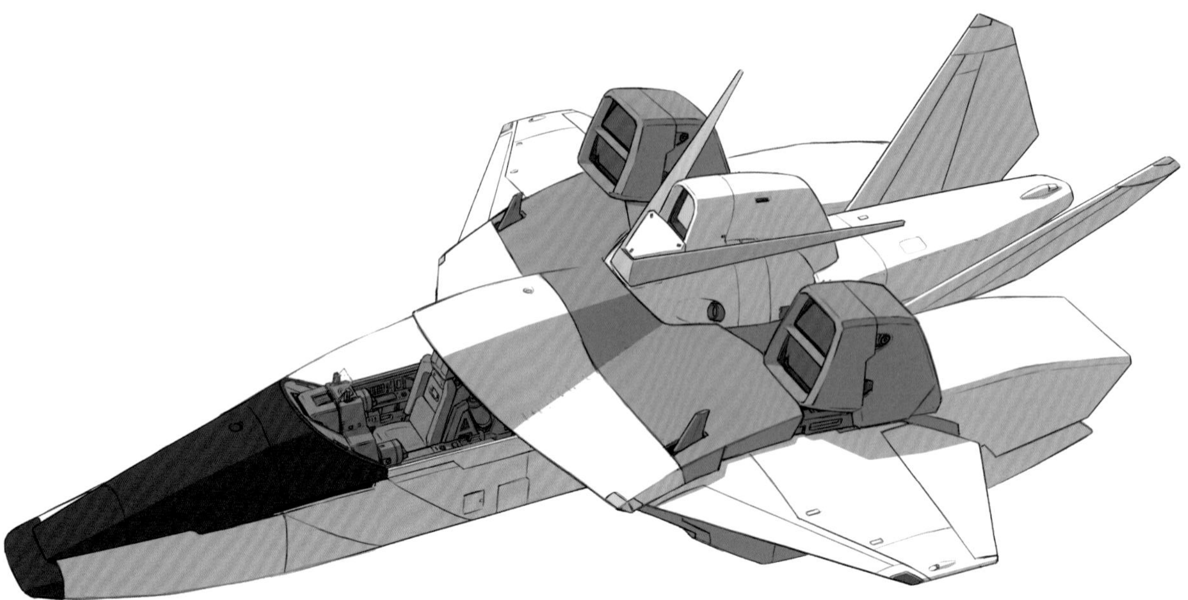

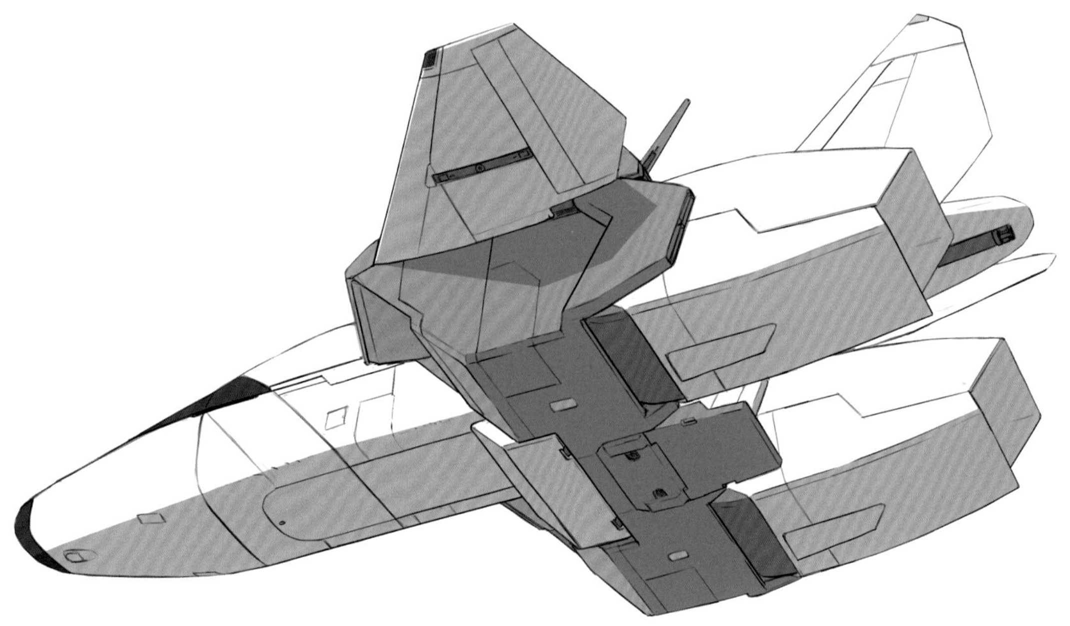

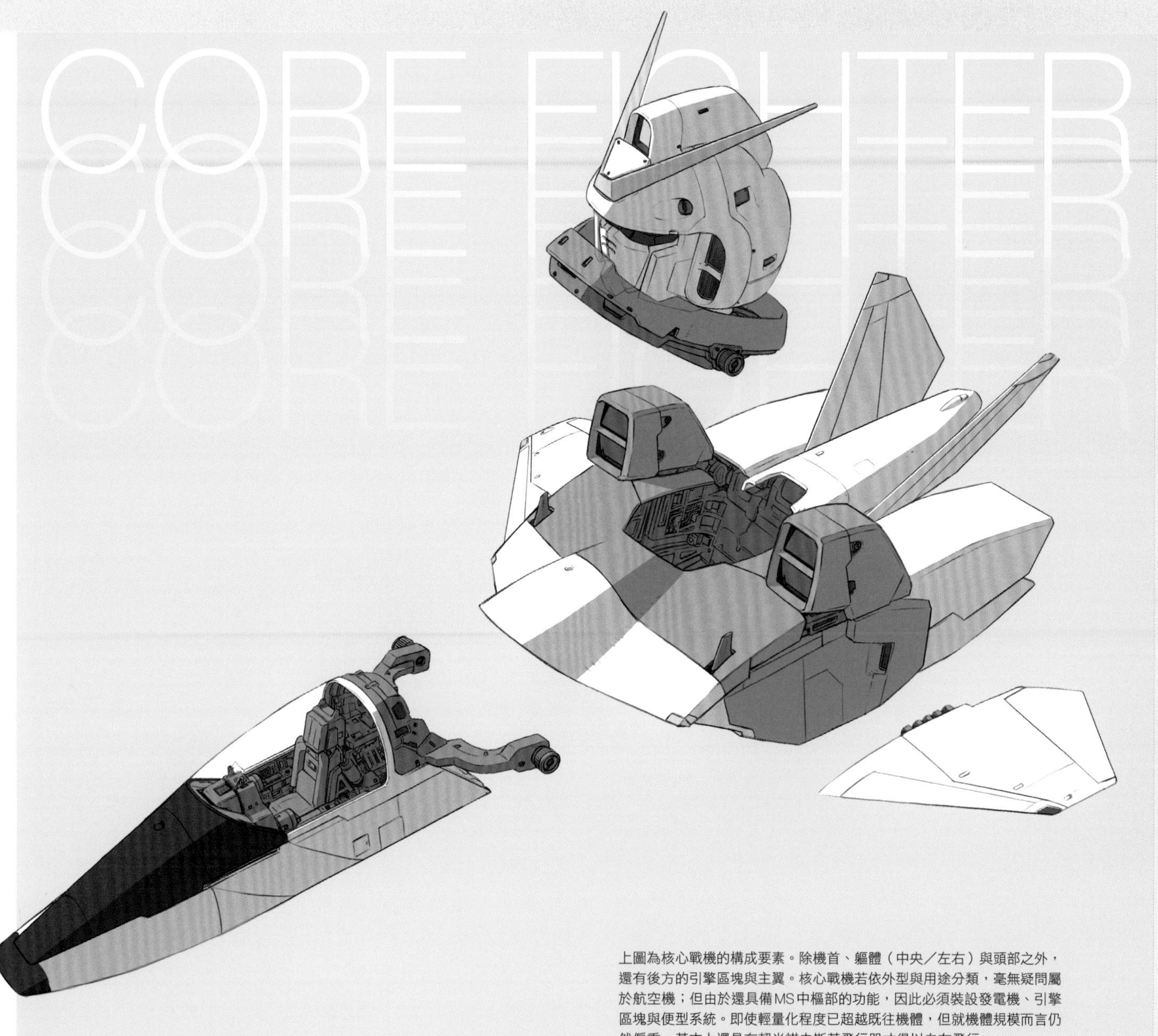

上圖為核心戰機的構成要素。除機首、軀體（中央／左右）與頭部之外，還有後方的引擎區塊與主翼。核心戰機若依外型與用途分類，毫無疑問屬於航空機；但由於還具備MS中樞部的功能，因此必須裝設發電機、引擎區塊與便型系統。即使輕量化程度已超越既往機體，但就機體規模而言仍然偏重，基本上還是有賴米諾夫斯基飛行器才得以自在飛行。

■核心戰機

擔任LM312V04「VICTORY」機體中樞的小型戰鬥機。構成內容為操縱系統、發電機、主推進器以及MS型態時的頭部單元組件，著實堪稱為LM312V04的「核心」。合體方式類似機體內水平式合體（自機體背部插入，並將核心戰機的推進系統轉給MS型態運用），不過本機還內包了頭部組件，因此構造上算是「擺在」等同於上半身的TOP RIM上方。

機首的外型雖類似航空機，主翼卻偏小，輪廓絕對稱不上精實。大氣層內飛行時的升力幾乎都仰賴米諾夫斯基飛行系統產生，因此主翼想來是定位為輔助吧。

此外，操縱系統亦相當獨特，構成座艙罩的部位在MS型態時會成為螢幕，可將外部影像投影於其上。視野相較於全天周螢幕自然是較為狹窄，但比起既往的球型駕駛艙，在整體上較為省空間，似乎就是因此獲得採用。畢竟要在小型軀體內收納頭部組件與米諾夫斯基飛行系統，這點視野或許可視為必要的割捨。順帶一提，操縱桿也不是一般的棒狀搖桿，而是名為圓筒控制器的圓筒狀裝置。

■核心戰機的構造與系統

V鋼彈的核心戰機乃分離合體機構的中樞，同時也是系統的根幹。再說得正確點，核心戰機以外的模組都以換裝為前提，V鋼彈可說不過就是其中一種型態，而且還只是某一時期限定的型態。

一如前文所述，核心戰機是透過米諾夫斯基飛行器獲得飛行能力，然而關於這項飛行能力的說法不一，有的認為可以輕易進出高高度空域，有的說法則完全相反，眾說紛紜。考慮到米諾夫斯基飛行器本身就是個才剛實用化、還在發展中的系統，會因為生產時期與機體不同而存在性能差異也不奇怪。但，核心戰機在那小巧的框體內，容納了各種用以運行MS上半身中樞功能的系統，以及合體變形用的系統，因此推測其作為航空機的能力較專用機略顯遜色應該不會錯。只是，既有的航空機是以前進推力透過飛翼產生上升力飛行，並以動翼進行空氣動力層面的控制，「V鋼彈」則是仰賴米諾夫斯基飛行器這種新推進系統產生的反作用力進行飛行駕馭，因此可在不變化姿勢的狀況下進行向量移動。

之所以盡可能將機體規模縮小，主要雖然是為了在最大限度內享受前述改良，但由於在重力環境下會特別需要在反重力方向釋出一定的推進力，因此速度上應無法比擬既往的航空機。所以，核心戰機雖有於現場運用在偵察任務或聯絡的實績，但這並非打一開始便預設的用途。對神聖軍事同盟來說，必須能夠以手上有限的裝備因應各種戰術所需實施作戰行動，核心戰機就這層意義而言相當便利。以往神聖軍事同盟都是透過輕型飛機或直升機等設備進行據點間的聯絡，但遭到貝斯帕的「天鷹戰機」或MS發現並擊墜的案例亦不勝枚舉。相較之下，核心戰機應該是加了許多分。話雖如此，核心戰機也並非萬能，若想與純粹的戰鬥用機體交戰，武裝仍過於貧弱，因為飛翼下無法懸掛飛彈之類的武器，所以充其量就只有頭部的巴爾幹砲堪用。

與其說這是作為MS中樞的能力而特化，不如說是因為機體規模受限而無法再增設額外的功能較為正確。作為一架戰鬥機，座艙罩的視野不佳，不適於空中交戰，但還有能朝任何方向自由加減速的強項，所以依運用方式不同，似乎也能夠採鑽入死角等戰術加以翻弄對手。

除了近似於航空機的飛行特性以外，核心戰機也能做出類似直升機或VTOL輸送機的機動行為，且無須為了控制行進方向傾斜機身。而

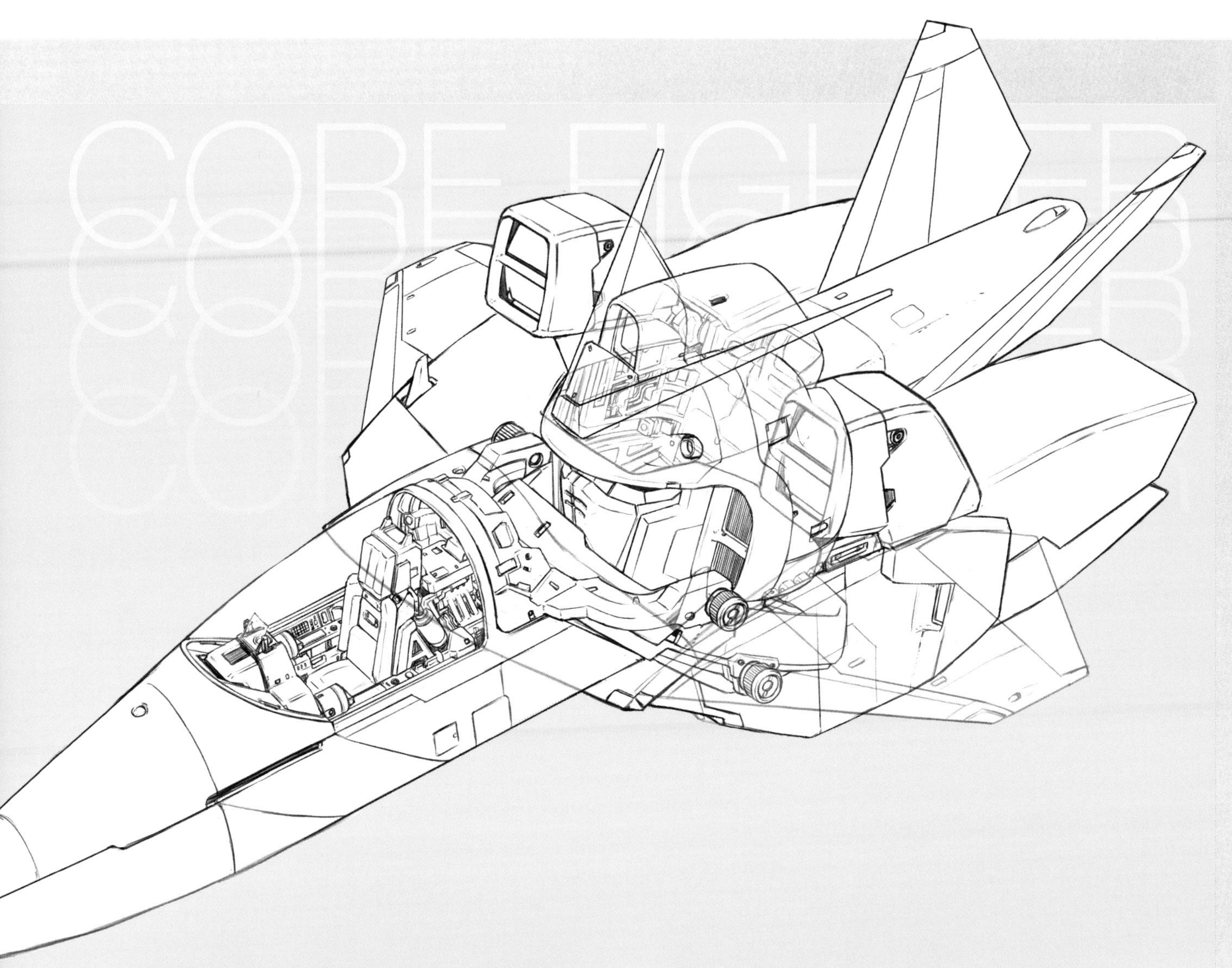

隨著飛行駕馭程式的翻新，在半空中浮遊等舉動也成了核心戰機的得意技，只可惜在戰鬥機動中這麼做只會成為絕佳的標靶。另外，核心戰機也辦得到「橫向飛行」這種雜耍般的機動，只是駕駛員會難以承受急遽加諸的G力，因此實際使用的案例鮮少。核心戰機在飛行特性上最大的特徵，就是有別於升力會因速度生變的普通航空機，無論在各種速度域都保證會將升力與推力維持在一定的數字，不過這點是否該視為強項則依場合而定。

只是，能產生最大推力的還是後方的引擎區塊（參照第41頁），在這層意義上，前進方向的速力是最容易產生的。其餘方向的移動都受到慣性束縛，況且雖因速度而異，但減速皆須耗費時間，因此實際上無法像HLV等機體那樣360度自在飛行。

就算以合體後的V鋼彈MS型態而言，這項飛行特性也是相同的。以往使用噴嘴式推進器的推進方式，在想轉變方向時不是調整可動式噴射口，就是得透過機體四肢的動作或AMBAC變換姿勢；而V鋼彈由於噴射方向的自由度提升，因此可在人型狀態下保持固定的姿勢朝各種方向機動。

對神聖軍事同盟來說，隱密性足以左右部隊的死活，所以核心戰機透過米諾夫斯基飛行器獲得的機動性相當有用。且核心戰機無論離陸著陸都不須滑行，相當於不需要飛行場這類設備，就輾轉各地從事游擊活動的部隊而言，自然是極為理想的利器。

駕駛艙

為了在目視戰鬥中盡可能占有優勢，核心戰機的駕駛艙採用無框式座艙罩，但有效視野範疇仍是難以恭維。只勉強保有少許的前方視野，必須費力從側面目視，因此據說在進行著陸等操作時，駕駛員都要從左右挑一方向向下窺視。考慮到駕駛員的就座位置，自

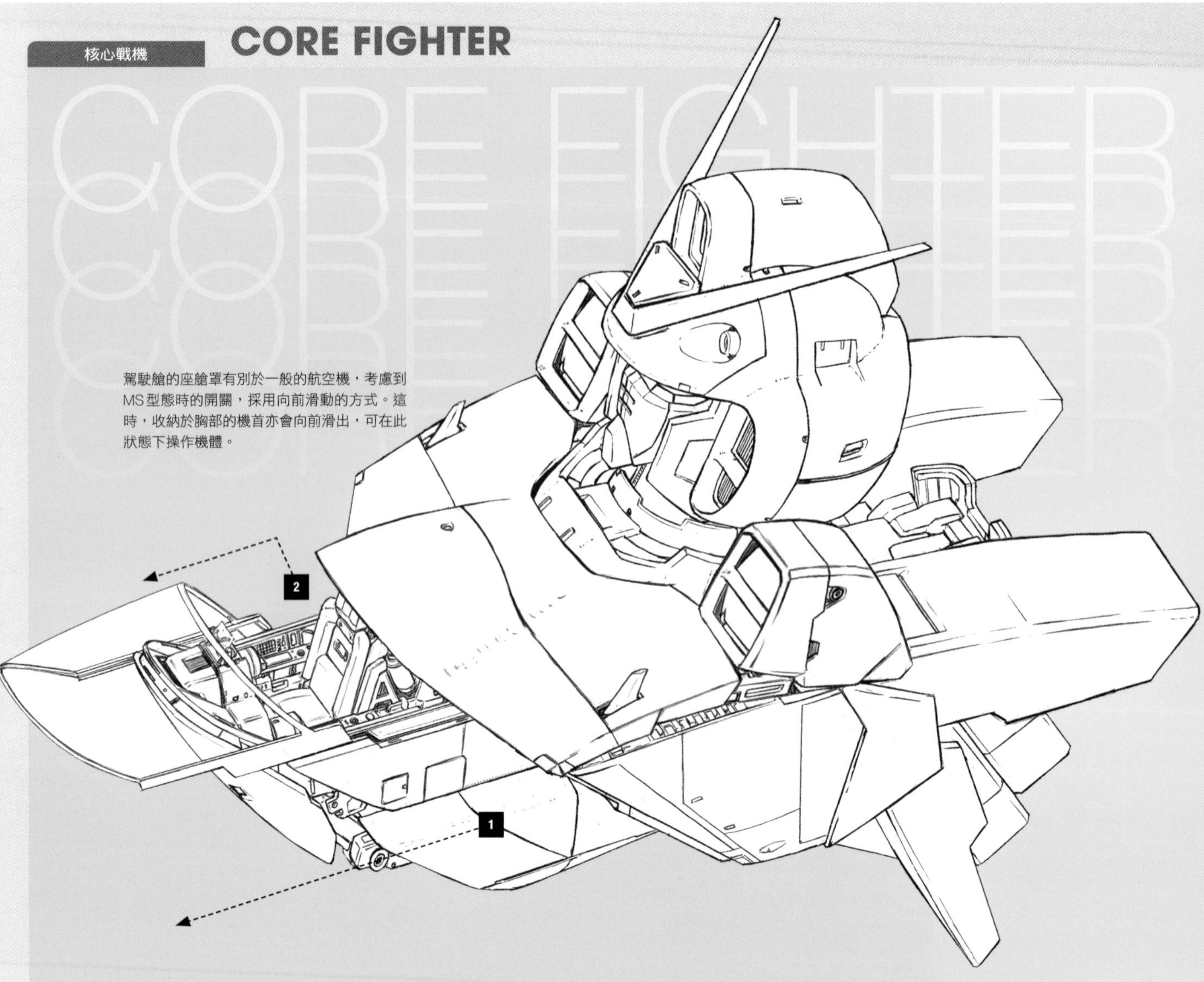

駕駛艙的座艙罩有別於一般的航空機，考慮到MS型態時的開闔，採用向前滑動的方式。這時，收納於胸部的機首亦會向前滑出，可在此狀態下操作機體。

正上方向後延伸的實際視野幾乎等同於零。不足的視覺資訊只好在頭盔護目罩的部分以圖樣顯示彌補。

機體變形為MS型態時，座艙罩內側會成為螢幕，提供頭部攝影機所拍攝的影像投影。就這個時期的MS而言，算是很罕見地並未裝備全天周螢幕，這是礙於變形機構與尺寸之限制所致。當然，U.C.0080年代以來蔚為主流逃生系統的彈射艙也未獲採用。

駕駛艙座椅是由短到稱不上機械臂的滑動式支柱隔著軌道支撐，屬於簡易型的線性座椅。座椅底部的支點具備少許的自由度與可動範圍，可在承受G力的方向上調整前後，減輕駕駛員的負擔。座椅本身也內藏逃生用的火箭及降落傘等設備，可作為彈射座椅使用。

本機的駕駛艙居住性堪稱惡劣，幾乎沒有任何多餘的空間。後方的空隙是還不至於塞不下半個人，但前提是駕駛員身材嬌小，座椅移動至軌道最前方，這樣也才總算能讓小孩或女性擠進去的程度。這個連空間都稱不上的空隙，用途似乎是讓駕駛員依各自需要擺放裝有私物的包包。

變形為MS型態，以直立狀態讓駕駛員乘降時，駕駛艙部分會向前滑動，令座艙罩得以開啟。要在這個狀態下操作機體也是可行的。

機首

機首於前端稍微偏上的位置搭載了雷達系統。只不過，畢竟長久以來受到米諾夫斯基粒子散布下的各種制約，如今對於雷射雷達類型的系統存在著多種欺瞞手段。在索敵技術領域，即使自一年戰爭時代起已經度過了七十年光陰，偵測方與反偵測方始終都仍在互玩捉迷藏。結果很諷刺地，最值得信賴的方法還是透過可視光觀測，與當年如出一轍。話雖如此，要預測戰鬥空域的米諾夫斯基粒子濃度與狀態也並非易事，所以索敵裝備的整備依舊不可怠慢。機首前端為了傳送與接收雷達波及雷射雷達類型的探知波，使用具穿透性的特殊樹脂製作，但在肉眼觀測下仍是不透明（暗色）的。

由於飛行特性與一般航空機無異，且原先就預設要在軌道上行動，因而前方對氣速度的測定重要度並不高；皮托管這種利用氣壓的原始機材雖然也在現代使用過，但本機並未採用。本機搭載的是透過量子陀螺儀觀測器實施三維度航法的裝置，可在操作失效時進行三重的自動控制，確保安全。

收納主演算元件與記憶儲存媒體的部位，則有別於一般的MS，設於機首根部附近。機首天線罩內裝有MS狀態時用以保護駕駛艙的防禦板（紅色部分），儀錶板背面與駕駛艙下方也幾乎毫無任何空間，核心戰機的設計就是如此地緻密，但縱使犧牲保守性，也一定要將中樞部分格納在防禦最堅實、最不易受到損傷的位置。即便頭部遭到破壞，被害波及基底的案例也很少見，因此中樞部的存活機率是意外地高。說到底，若不將冷卻系機構算進去，中樞電腦其實尺寸並不大，只與人的拳頭差不多大。

中央軀體

中央軀體在MS型態下會成為收容頭部的空間。頭部後方還配置有兩片垂直尾翼，支撐尾翼的中央機尾部分則由後方警戒感測器與冷卻散熱板所構成。主發電機就設置在中央軀體內部左右軀體的結合處。

機體下方露出的通風口狀零件，並不如字面上所示地具備通風口功能，這其實正是米諾夫斯基飛行器的噴射口。朝向前方的噴射口能夠作為反向噴嘴運用。

說到底，MS並不是以透過換氣方式進行熱交換為前提而設計的。本機都是以透過外板放射等方式向外界散熱，與既有的MS無異。由於有米諾夫斯基粒子的欺瞞效果，所以外板就算將熱能以強烈紅外線等方式釋放，也不用擔心被偵測到。當然，也不可能從全身往所有方向釋放，適合排熱的部位在某種程度上都已經定案了，好比從外觀難以觀察到的軀體內側、大腿內側等處。

只不過，縱使效率不彰，系統還是會有幾處透過換氣作為輔助散熱

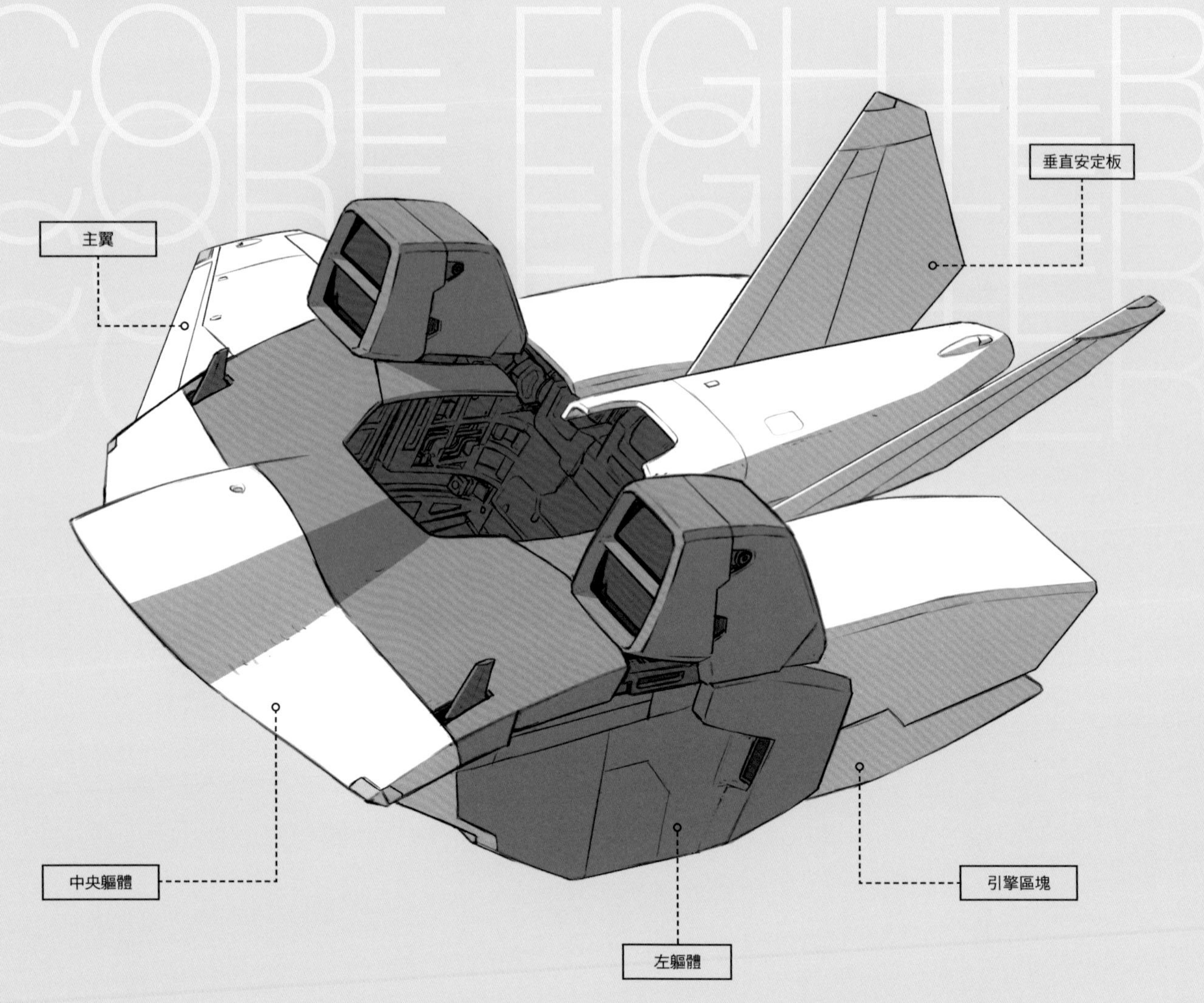

方式。像肩膀的通風口狀構造物實際上就的確是熱交換器。

中央軀體在MS狀態下是收納駕駛艙的部分，收納處上方就是V鋼彈全機體裝甲最厚之處，再加上左右軀體、主翼，以及機架外板形成防護殼狀構造，嚴密地保護中央部。上面中央處採用堆疊式構造，一面支撐著可動機構，一面守護承受各種負荷的上半身。

左右軀體

軀體左右皆於兩側配置了一對I力場駕馭元件，上方突出的通風口狀構造物就是這些元件的冷卻用熱交換器之末端散熱元件。於實戰投入初期生產的機體，因為還同時併設米諾夫斯基飛行器噴射口，因而開口處設有分割區。不過，設計當初便已提出過警告，頭部搭載了大量觀測與索敵機具，在頭部附近噴射米諾夫斯基粒子可能會造成不良影響。因此雖然開始運用後無法針對利弊雙方得到確實的佐證資料，但審慎起見還是決定卸除作為推進器的功能。

就空氣力學的層面而言，這個突出處確實能撤除障礙物，但對於設計緻密的核心戰機來說，最低限度所需的冷卻用通風口又只能設在這裡（其他部位的有限空間都已經被吸風口，或是將熱源發生之熱能吸入內部所需之路徑給占據）。自突出部吸入的部分氣體會在流經主發電機上方的熱交換器用於冷卻後，沿著後部引擎區塊整流罩內壁朝後方排出。通風口前方是可變葉片，會根據速度域及流入量自動變化開啟程度。完全閉上遮板會導致阻力增加，因此就算已充分確保所需的冷卻用氣體，也會稍微保持開啟，讓空氣由突

■核心戰機的警示標語

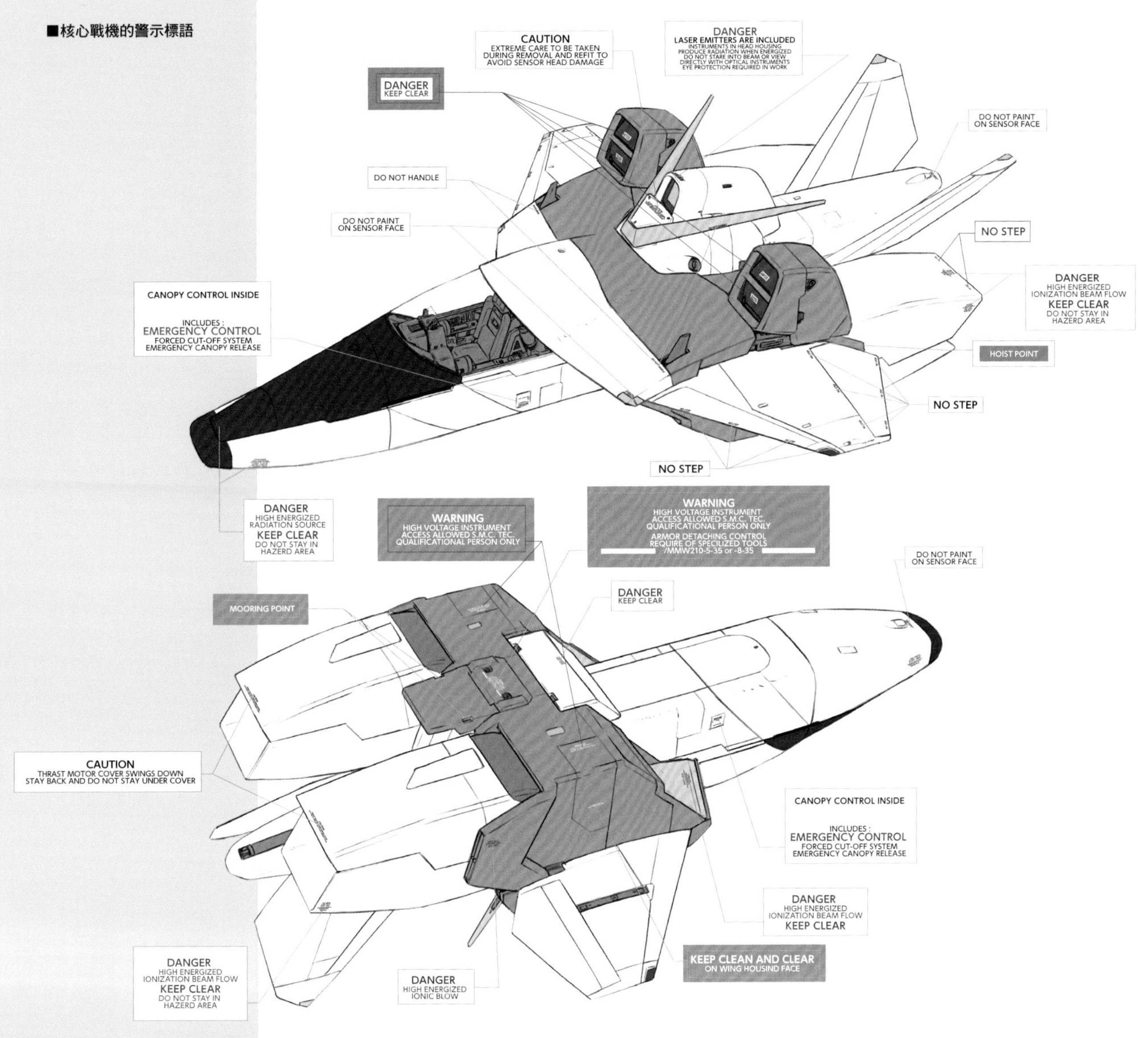

出處後端的縫口流出。

軀體前方左右的縫口狀通風口採二重構造，上方是冷卻用熱交換器的吸氣口。吸氣口乍見之下只是難以辨別的隙縫，由此吸入的氣體會直接用來冷卻內部的主發電機，並與肩口通風口的路徑會合，朝後方排出。這部分的空氣流入路徑，其實並沒有經過路徑應有的確實整備，只是巧妙地利用構造間的細縫傳輸氣體。不過設計時的確就有著這樣的意圖，絕非偶然形成。

這個縫口狀通風口下方的內部存在有米諾夫斯基飛行器噴射口，無論在飛行型態或MS型態，都可向前方噴射當作反向噴嘴運用。

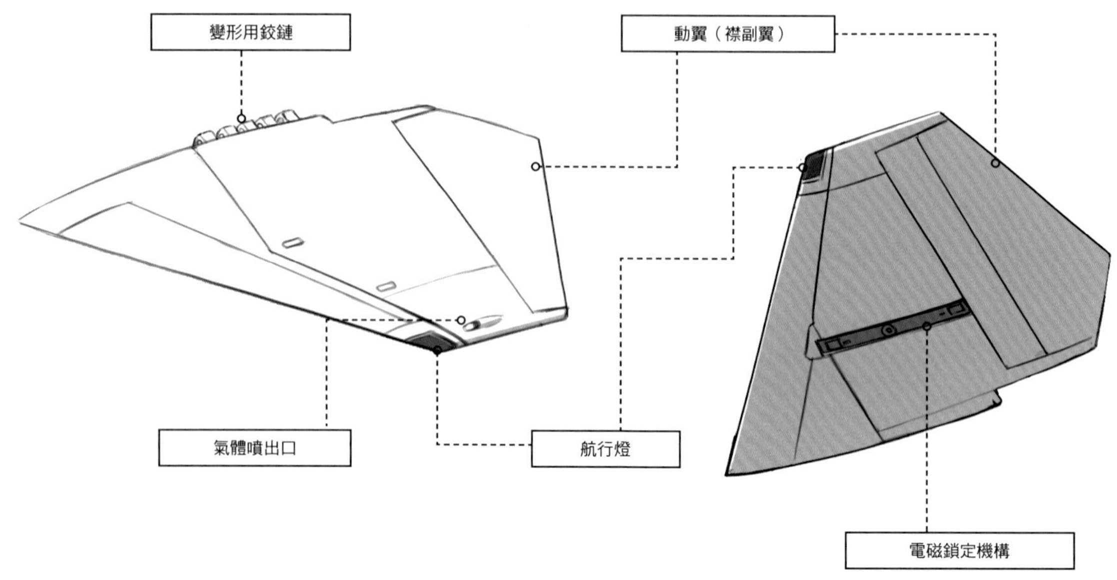

主翼

V鋼彈的核心戰機原本就不具備足夠面積的主翼，無法單靠上升力飛行。不過，本機的飛行控制也並非單單仰賴米諾夫斯基飛行器，主翼的動翼（襟副翼）也可用於駕馭行動（動翼的啟動為線性方式，無須使用油壓）。由於主翼偏小，缺乏安定性，反而使機動性得以提升。只要駕駛員的本領夠強，甚至在對MS戰中亦可取得優勢。

主翼

核心戰機操控機體的方式，除了透過米諾夫斯基飛行器運用米諾夫斯基粒子外，還有以主尾翼進行空氣動力層面的駕馭。操控時會以專用飛行電腦演算，執行航法支援，配合駕駛員的意圖適當地控制各處動作。

翻滾主要透過主翼的動翼（襟副翼）執行，動翼乃仰賴電磁馬達動作，而非油壓系統。仰俯方面併用主翼之動翼與米諾夫斯基飛行器的噴射駕馭，偏擺則主要以垂直安定板（一對）的舵控制。

本機基本上是靜安定性極端低落的機體，主翼幾乎不會獲得任何升力。再加上，運用米諾夫斯基飛行系統的飛行特性與一般航空機已經大相逕庭，因此在靜安定及機動行為方面，必須仰賴前述的飛行電腦主動操作各系統進行支援。

核心戰機的大氣層內機動，因此變得與必須控制機體向量的大氣層外機動十分相近，在這層意義上，沒有操縱航空機經驗的殖民地出身人士反而容易熟悉。

就V鋼彈的核心戰機而言，縱使兩側主翼盡失，對於飛行本身也不會形成阻礙。當然，畢竟還是失去了其中一項駕馭姿勢的手段，因此會不利於進行戰鬥機動。

主翼上並未設置硬點（構造強化部位），也沒有管制武裝類裝備的導線，因而主翼下無法懸掛飛彈等武裝。主翼下方雖然有幾處看起來類似連接阜，但這是當折疊與本體側面密接時，用以鎖定主翼的機構。

為了駕馭姿勢，主翼前端設置了可朝上下噴出氣體的噴射口。這是因為米諾夫斯基飛行器不擅於應付著陸之類的纖細機體操作，因此加以輔助用的裝置。引擎區塊產生的高壓熱氣會在導引之下從前端的細噴射口噴出，並以反作用力操控機體的翻滾。

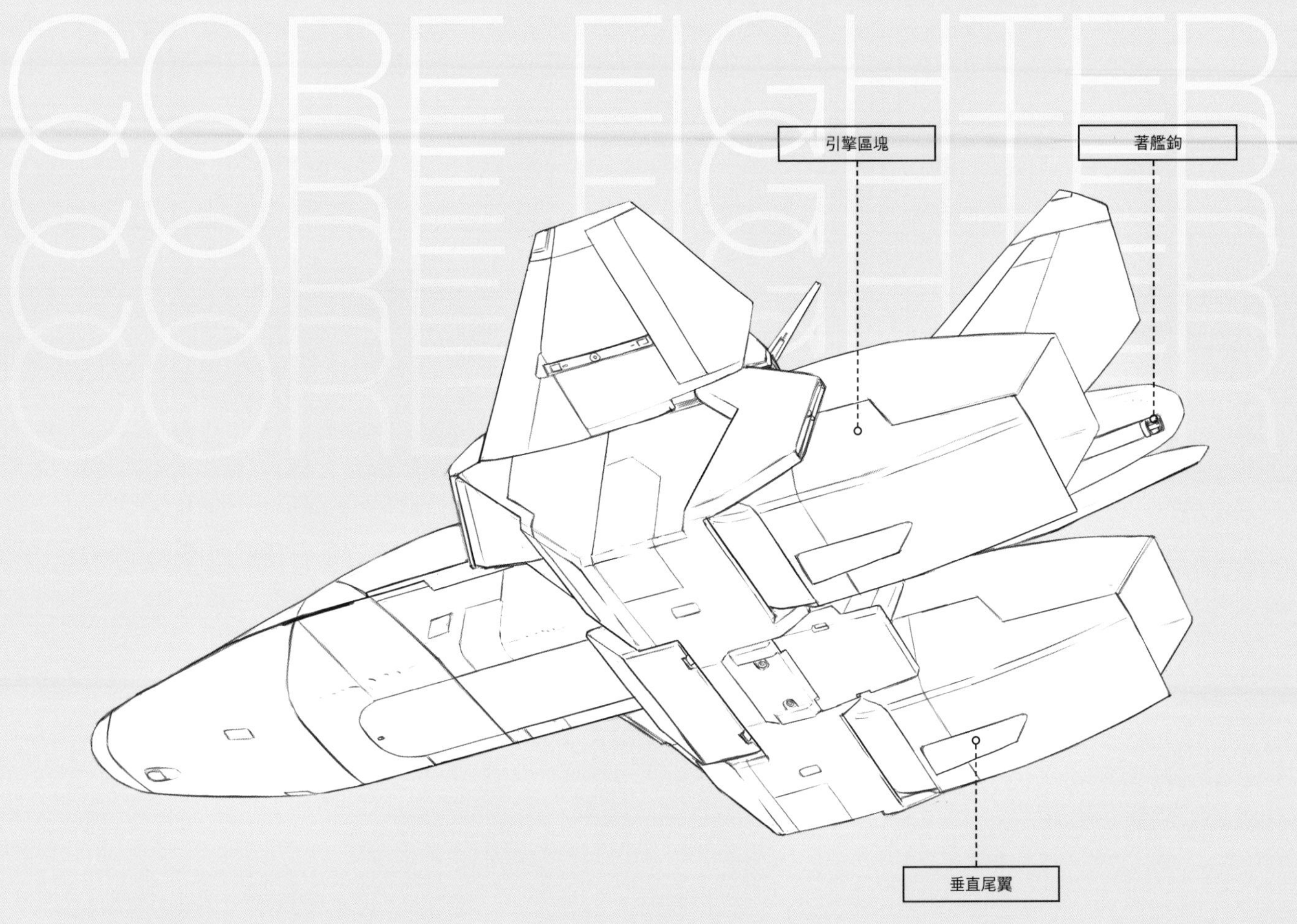

引擎區塊

收納配置於軀體後方的推進系統之區塊，一般便稱為引擎區塊。一如別項所述，這種狀況下的引擎指的純粹就是推進系統，發電用的發電機不包含在內。

核心戰機的引擎區塊，以及BOTTOM RIM小腿處內藏的推進器元件，都是較其他元件更大型、出力更高的米諾夫斯基飛行元件。

設計時，這處背部引擎的部分據說曾預定要採用既有類型的推進系統，亦即使用普通推進劑的類型，所以實際試作時在尾部下側設了推進劑箱。但，一方面是可動作時間短，一方面是產生的升力不足以抵銷重量（這點是設計時就心知肚明），以及試作型米諾夫斯基飛行系統顯示的性能超乎想像地好，所以配備時便進行了換裝。

發展到V04型之前，之所以會大刀闊斧地轉變方針，似乎是因為發現透過米諾夫斯基飛行器所得到的特異機動性，對於提升本機戰鬥力的貢獻超乎預期。米諾夫斯基飛行器作為系統仍在發展中，但實用性已於日後透過戰果得到了證明。

這個引擎區塊，在SD-VB03A「懸掛背包」（參照第81頁）與核心戰機結合時，會格納於SD-VB03A前端處的整流罩內。

引擎區塊尚有於下方設置垂直尾翼的類型存在，這個垂直尾翼的目的在於輔助偏擺方向的姿勢駕馭（水平方向的穩定性）。原本維持水平穩定就是垂直尾翼的任務，但由於前方設有MS的頭部，頭部旁邊又有換氣口狀構造物等等，核心戰機上方氣流的流向絕對稱不上良好，不是一架能充分掌舵的航空機。因此，機體下方才會增設安定板，不過實際上核心戰機產生推力的方式又與一般航空機截然不同，因此效果也不明顯，就飛行控制而言實屬可有可無，日後的生產機型就省去了這道增設安定板的工程。

操縱系統

OPERATION SYSTEM

操縱系統

操縱桿的基座部裝有名為「圓筒控制器」的圓筒形裝置。貝斯帕的MS與其他機體上亦可發現此裝置，顯然在該時代極為普及。而在側儀表板設置操縱桿這種傳統作法，對於小型化的MS而言，往往對駕駛艙的空間造成壓迫，因此改將操縱桿基座往前方配置；V鋼彈也同樣如此處理。

操作握把，搭配圓筒控制器的旋轉、推拉等動作，就能組合成指示機體行動的指令。這些基本操作皆可透過泛用訓練程式學會，這一點倒是與其他MS無異。

操縱桿的基本位置設定為接近水平的角度。自一年戰爭爆發的時代起，聯邦系MS即採用橫握式操縱桿，而吉翁軍系則大多採縱握式。本機由於刻意模仿「鋼彈」，因而將基本位置設定為橫向。不過，這些設定似乎可以依喜好任意調整。

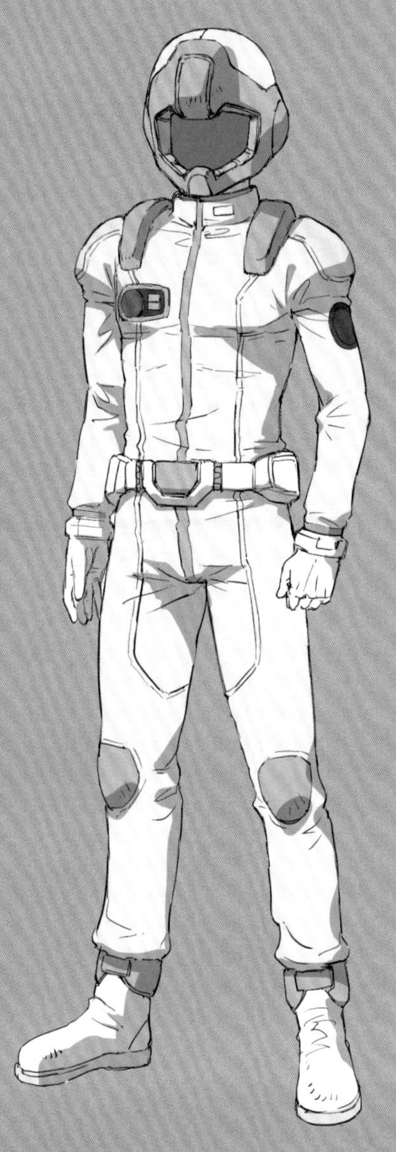

NORMAL SUIT

宇宙服

多數參加神聖軍事同盟的MS駕駛員所裝備的宇宙服。服裝的配色與設計似乎有不同的版本，但大多都採淡色系，可輕易與贊斯卡爾帝國軍作出區別。包含頭盔在內，基本上任何宇宙空間皆可通用。

TOP RIM / TOP FIGHTER

【機體規格】(TOP FIGHTER)

全長：11.8m
發動機出力：4,780kW
推進器推力：7,390kg×2
武裝：巴爾幹砲×2
　　　光束軍刀×2
　　　光束護盾×2
　　　硬點×4

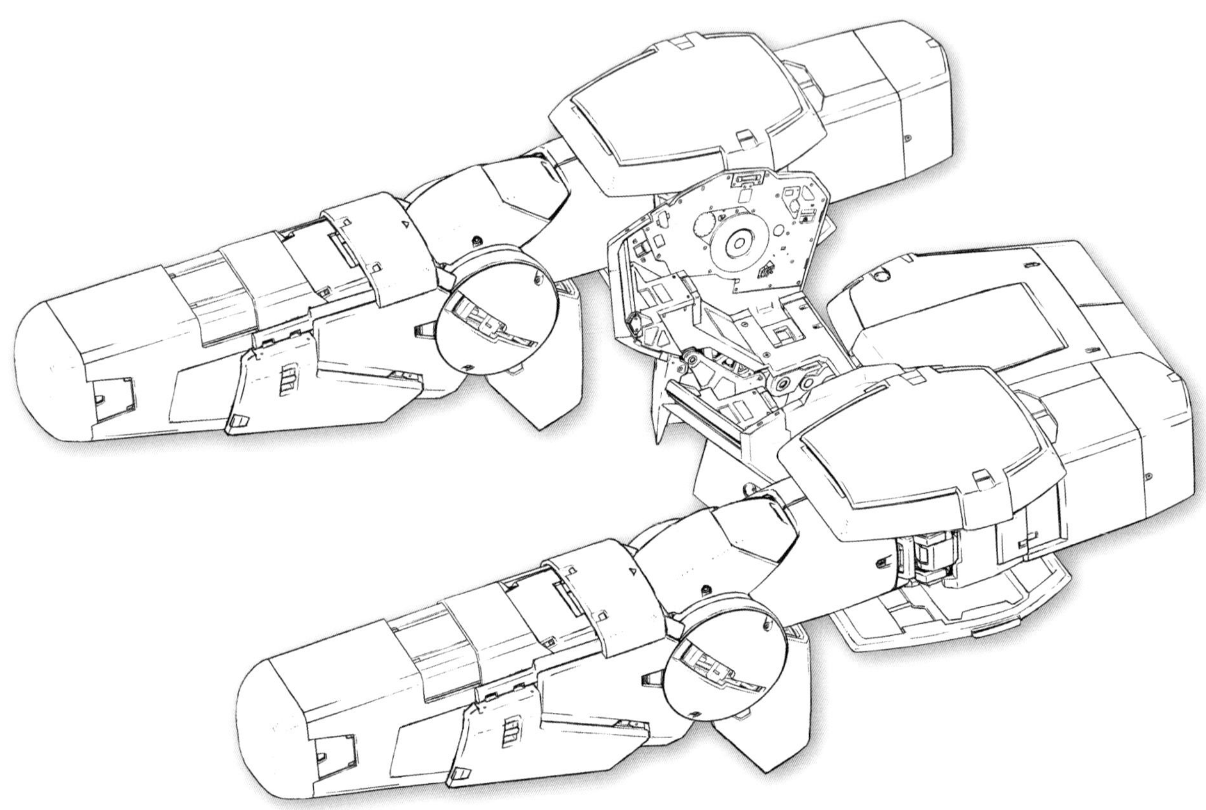

■TOP RIM／TOP FIGHTER

TOP RIM指的是LM312V04「VICTORY」的上半身模組，模組內包了腹部與手臂元件，以及前方與側面裙甲。由於外型特異，運用部隊還特別為其取了「機架」這個綽號。

一如前文所述，本模組並不具備主推進系統，能作為推進裝置的僅MS型態側肩處零件所搭載的駕馭姿勢用推進器。換言之，要在重力環境下單獨飛行相當令人不安。所以首先要與核心戰機合體成重戰鬥機型態的「TOP FIGHTER」，才能獲得大氣層內戰鬥能力。

TOP FIGHTER型態合計有四座硬點可供利用，最多可搭載並啟動兩把光束步槍或MEGA光束步槍。

再者，由於變形時「手肘」朝機首方向伸出，因此

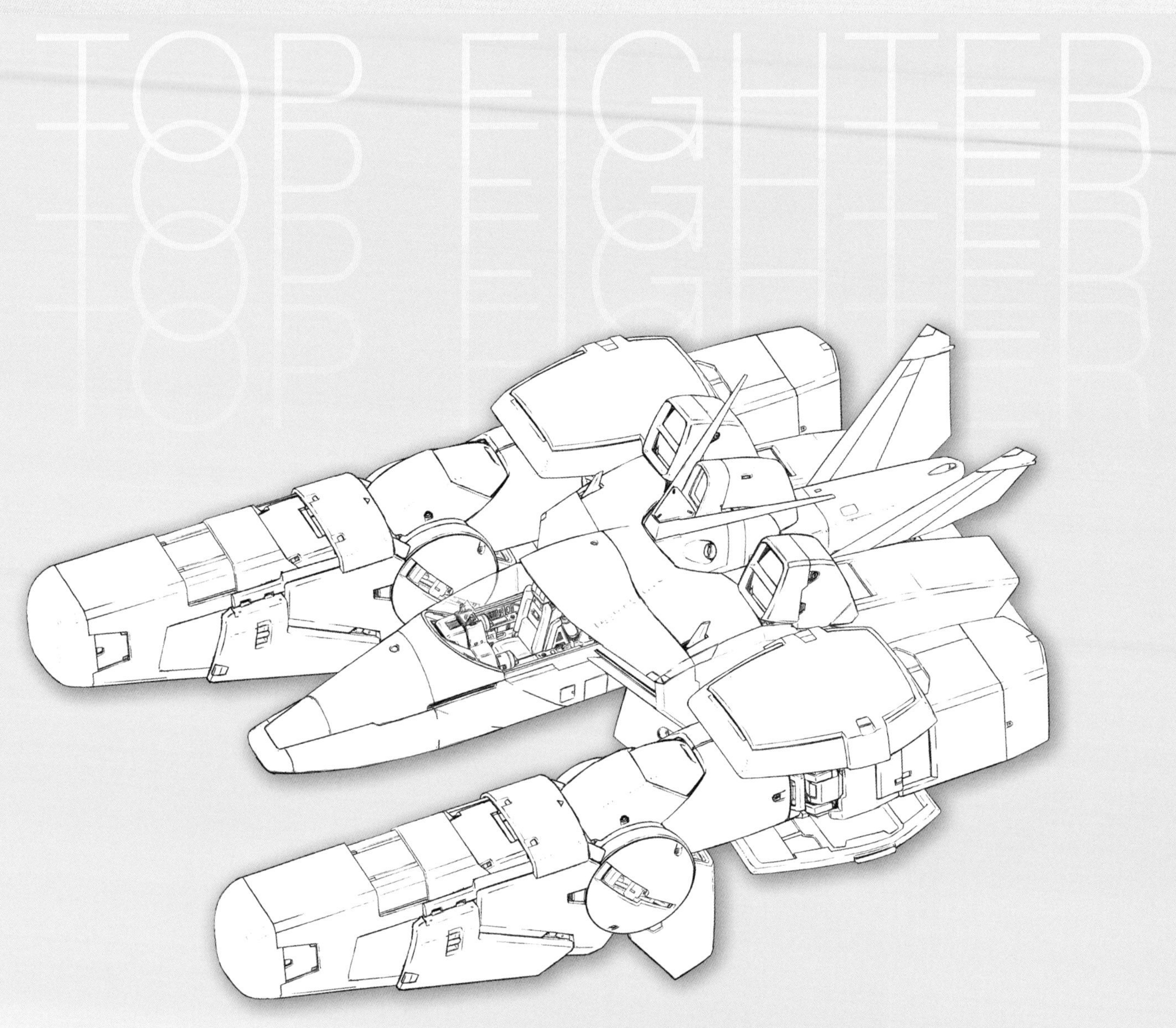

可直接展開光束護盾。同時亦可將機械手掌也轉向前方，使用光束軍刀。TOP FIGHTER型態下就是可以將手臂元件像這樣作為武器平台自由操作，藉此柔軟地因應自射擊戰乃至格鬥戰的各種需求，有如MOBILE ARMOR（以下簡稱MA）一般。

除此之外，還有一種較特殊的運用方式。在TOP FIGHTER型態下，只要轉動整體手臂元件，連機尾方向都能使用光束護盾防禦。據某位技術人員所言，只要設定好機體駕馭系統，甚至可以自動啟用這種後方防禦機構。

就像這樣，TOP FIGHTER型態於攻擊防禦兩方面可謂手段應有盡有。只不過有證言指出，由於雙臂配置於駕駛艙的左右兩旁，會產生巨大的死角，必須具備相當熟練的技術才能自由操控。

BOTTOM RIM / BOTTOM FIGHTER

【機體規格】（BOTTOM FIGHTER）
全長：16.8m
發動機出力：4,780kW
推進器推力：7,390kg×2、4,420kg×8
武裝：巴爾幹砲×2
　　　硬點×4

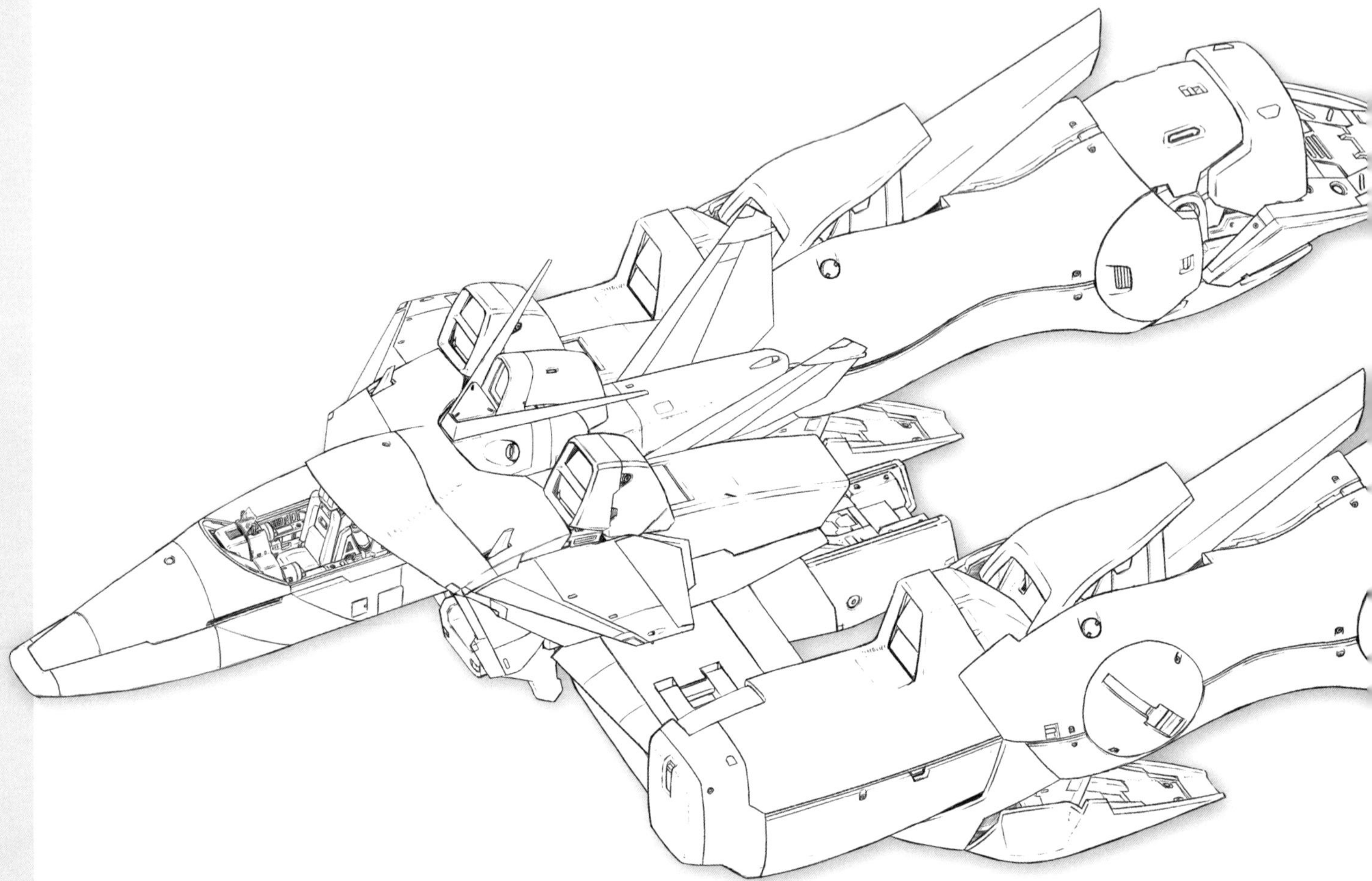

■BOTTOM RIM／BOTTOM FIGHTER

BOTTOM RIM就相當於LM312V04「VICTORY」的下半身，其大部分機構在MS型態時都作為腳部運用，與前線部隊甚為親暱，還擁有「鞋子」的綽號。本模組也是主推進系統之一，自然推力十足，自MS型態分離，從彈射架射出後，能夠以高速度飛行。這種場合下的BOTTOM RIM乃無人機，可自動操作，或從核心戰機方遙控。就開

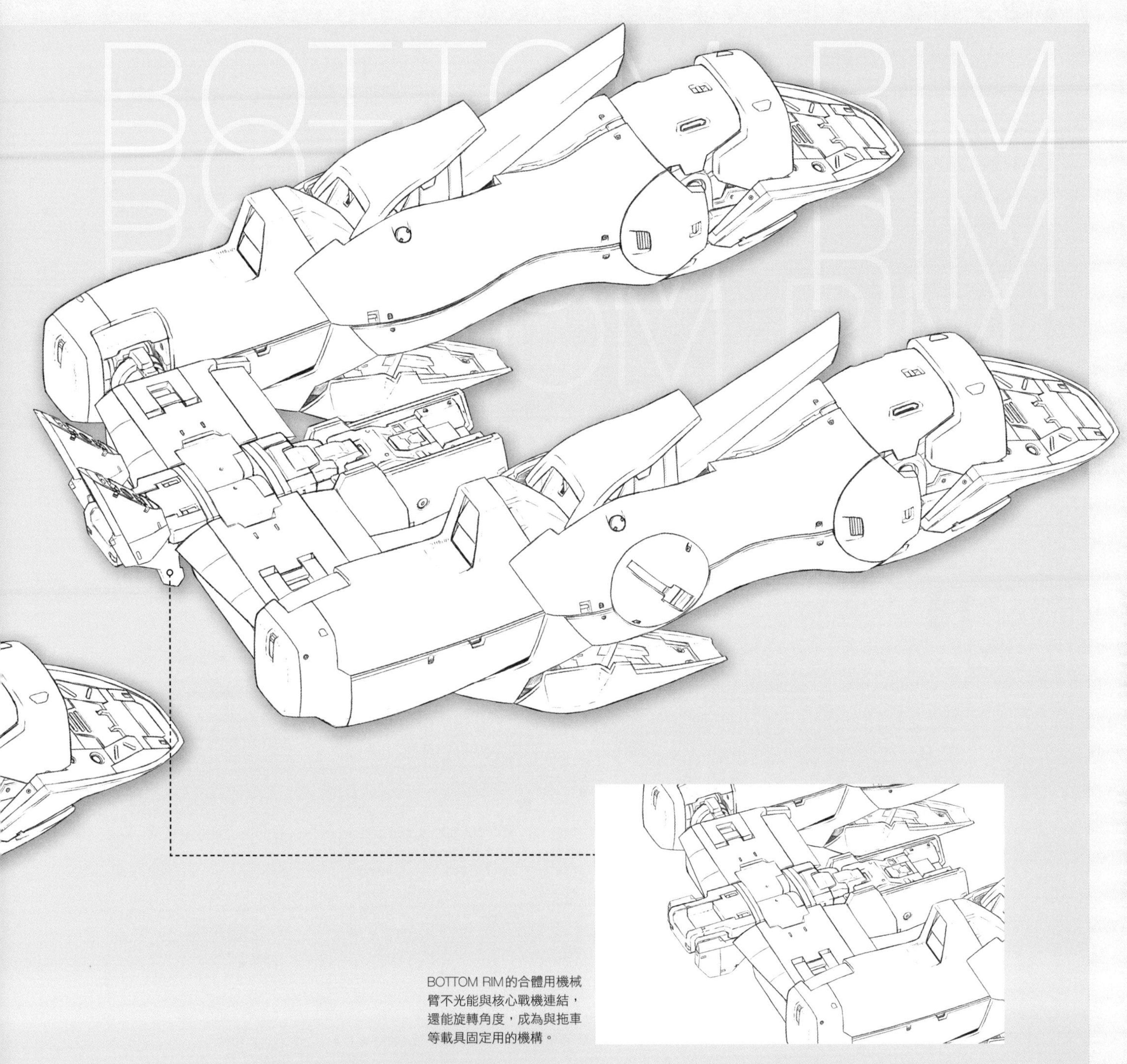

BOTTOM RIM的合體用機械臂不光能與核心戰機連結，還能旋轉角度，成為與拖車等載具固定用的機構。

發小組而言，應該是設想要在空中與其他模組合體，才會加入這種控制機能。但據說前線卻出現透過此功能將BOTTOM RIM作為質量彈使用的狀況，這恐怕就是開發小組始料未及的了。

另，與核心戰機合體而成的「BOTTOM FIGHTER」型態，可透過膝部側面的硬點掛載光束步槍，藉以增強火力。雖然沒有光束護盾與機械手掌，讓防禦力及格鬥能力略遜TOP FIGHTER一籌，但推進器推力的增強也帶來了良好機動性，就一擊脫離的戰法而言，算是本型態比較吃香。

值得一提的是，若從BOTTOM FIGHTER狀態變形成MS型態，雖會成為無手臂的不均衡外型，但姑且還是能在地面步行，也曾經以這樣的狀態應戰，算是比較特殊的運用法。

VICTORY GUNDAM

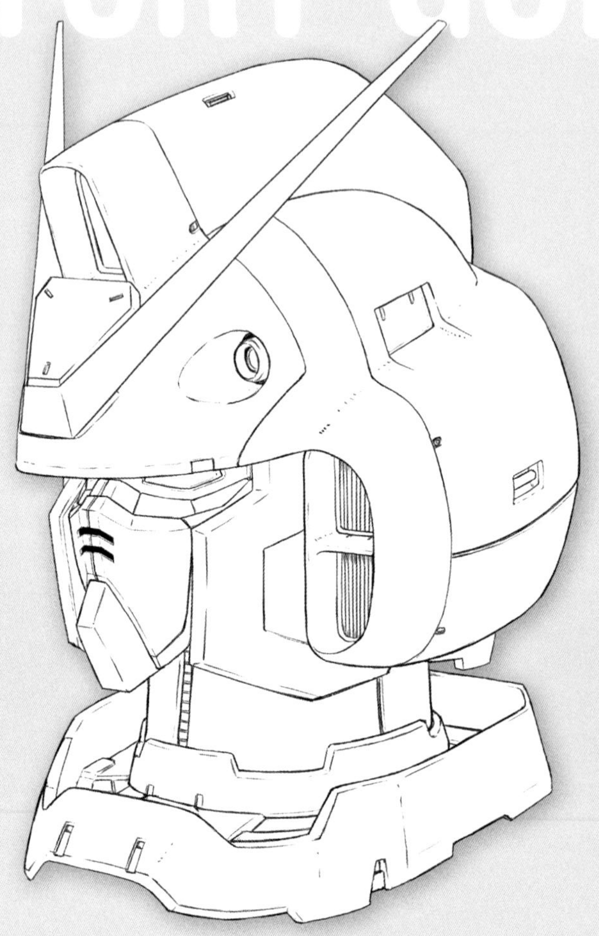

HEAD

V鋼彈的極初期型。因趕不及研發頭部的巴爾幹砲，只得改造既有的格林機關砲替代，因此設計了排莢口（空彈莢基本於內部回收，但必要時也會排出）。日後雖換裝為巴爾幹砲，頭盔上留有排莢口的機體仍是持續運用一段時間。

頭部

V鋼彈的頭部外型與地球聯邦軍首架MS——RX-78「鋼彈」相仿，研判這是神聖軍事同盟為了將V鋼彈作為贊斯卡爾抵抗運動的象徵，才刻意如此開發。RX-78乃期盼可反攻舊吉翁公國軍的「V作戰」之產物，日後的MSZ-006「Z鋼彈」則是抵抗地球聯邦軍之軍閥組織「迪坦斯」的「幽谷」之旗手，可見鋼彈型機體總是在宇宙世紀的各大勢力間作為「反抗的象徵」。之所以期待V鋼彈發揮這樣的象徵效果，正是因為這些記憶還刻畫在人們的心中。神聖軍事同盟於同時期開發的MS，其實全都繼承同樣的外型風格，並不僅限於V鋼彈。其用意當然一如前文所述，但唯獨鋼彈型特有的「V字型天線」，就只有初期生產的機體採用。關於這點，到底是為了利用初期搭乘V鋼彈、日後成為主駕駛員的卡美昂隊少年——胡索・艾溫所搭乘之機體宣揚意識形態，而刻意作出機體的區別，或是有其他原因呢？目前尚未有定論。就結果來說，除了配備給卡美昂隊的數架機體，其他能確認具備V字型天線的V鋼彈可說是寥寥無幾了。

鋼彈型機體的頭部形狀，以及內部的配置，自登場以來的七十餘年都不曾出現過大改變。MS的頭部乃

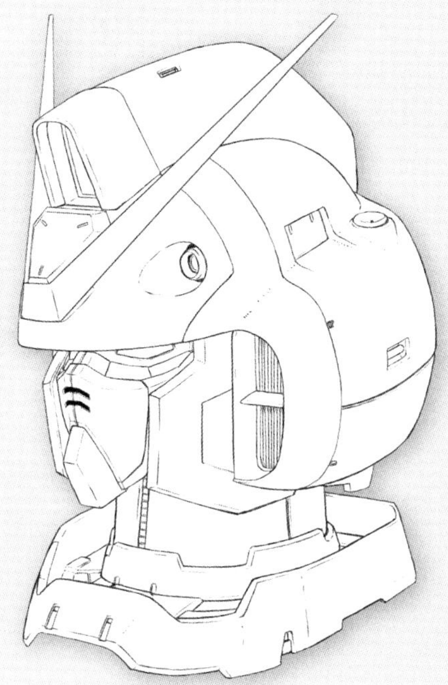

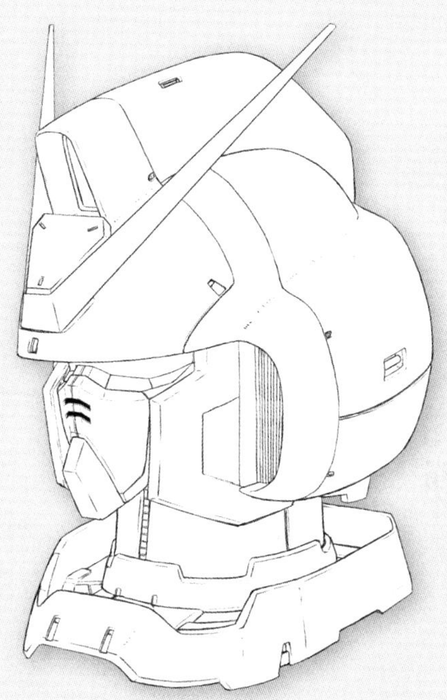

頭部因內藏巴爾幹砲，射擊時會於內部空間急速儲存熱能。在頭部裝備固定砲的概念本身雖然合理，但對於地球聯邦軍系的MS而言，由於搭載的裝備自一年戰爭時期起就大同小異，始終存在著熱源囤積感測器系統部位的問題。就連V鋼彈的冷卻機構都存在數種式樣不同的類型，似乎只要適合頭部內的容積，又能保證一定性能，就允許各生產據點組裝不同內容的冷卻系統製品。考慮到舊型的排莢口與新型（換裝巴爾幹砲型）的散熱口配置於同一處，可研判應該備有可在大氣層內戰鬥時直接向外排出的機器，同時也有刻意保留頭盔開口的機體。

觀測機材的集合體，對聯邦軍MS而言還結合了將固定武裝作為砲塔運用的功能。將最低限度之必要性能濃縮而成的設計，可說是在初期階段就已達高完成度的領域。相較於其他MS，這種頭部還有幾項特徵，好比頭頂部的雞冠型構造物，也是由鋼彈型發揚光大的。原本這個部位是收納長型光學儀器的整流罩，傳統的鋼彈型機體則將此部分設計為主監視器。其他特徵尚有額頭的V字型天線、天線兩旁各一門固定砲，以及相當於人眼的部分裝設有雙眼式感測器等等。

V鋼彈的頭部就如同其他MS，不單作為駕駛員的觀測眼，還可作為兩門機關砲與攝影機、感測機具及FCS高度連結的CIWS（Close In Weapon System，近距離防禦火砲系統）等裝置與系統的砲塔。

當初在核心戰機狀態下的頭部是完全固定，無法任意轉換巴爾幹砲的軸線。這是因為砲口與胸部上方裝甲間的間隔極小，一旦不慎轉動軸線唯恐傷及自機。而日後因機體駕馭系統及射擊管制系統的優化，頭部更改為可以完全露出於機體上方，與變形MS時的狀態一樣，因此已能作為砲塔運用。而在攻擊範圍增廣，積極運用CIWS之後，核心戰機作為制空戰鬥機的能力也獲得了提升（但並不代表性能充分至足以稱為制空戰鬥機）。

VICTORY GUNDAM

○V字型天線／角型天線

V鋼彈的額頭搭載了V字型的天線，除可作為通訊天線運用外，同時也完成了展現V＝VICTORY這層意義的使命。天線中央白色倒三角形的部位是相位陣列，可探測與追蹤飛彈等飛翔物或宇宙殘骸這類障礙物。

通訊索敵能力提升型的「HEXA」撤去了額頭的V字型天線，取而代之的是，在主攝影機處搭載有高性能複合感測器。此外，通訊天線也採用了更為大型強力的角型天線，於頭部左右各配一支，藉此強化通訊能力。

HEXA的索敵能力所獲得之提升，並不單只是增長感測器有效半徑使最大監視距離延長而已，在解析影像用的電腦與FCS處理能力雙雙提升下，變得能夠同時捕捉、監視與攻擊多個目標，這點影響甚鉅。只要

DETAILS

能解析周遭敵人的行動，便可優先處理高威脅度的目標，降低自機承受的風險，因此可大幅減少駕駛員的心理負擔。

在通訊能力方面，也透過電磁＆光學複合的補充手段改善了與友方的通訊距離，於戰鬥域和友軍聯手攻擊的節奏遭中斷的案例因而減少，頗受好評。

再者，HEXA將天線置換為角型並安排於偏後方的位置，這個方法也相當奏效。可在頭部與肩口的通風口構造物之間產生整流效果，將紊亂的氣流順暢傳至後方，帶來「提升垂直安定板效用」的副作用。

○觀測＆索敵裝置

V鋼彈的頭部在雞冠部裝有主攝影機，在相當於人眼的部位裝有雙眼式感測器，透過綜合這三個感測器所捕捉的目標資訊，能將更正確的距離、影像等情報傳達給駕駛員。

自從散布米諾夫斯基粒子成為一種戰術後，為了針對可靠的可見光域所得情報進行有效精密處理，需要更進步的電腦作為處理系統，也需要更新銳的索敵技術。而電腦為了確保動作的信賴性及避免遭受米諾夫斯基粒子的干擾，曾一度退化為更原始的構造，結果整體的性能提升速度因而延緩，自舊世紀進入宇宙世紀初期時，畫面處理技術方面雖是確立了性能高至某種程度的系統，到頭來又全都打回了一張白紙。為了能整合處理得自機體各處感測器所得資訊，就已經耗費了數年光陰，直到全方位螢幕系統登場時，才總算以實用等級的內容回歸。但在那個時期，已經有所謂使用「誘餌」等方式欺騙這種影像處理系統的手段出現，結果日後就一直維持著雙方互玩捉迷藏的狀態。

到了現在，就算所裝備的感測器資訊少了一兩條，也已經不至於妨礙對外監控的功能運作。抗擾能力已經提高，無論感測資訊來自音響或紅外線，所有手段得到的資訊都會在整合後視覺化，整理為現況並傳達給駕駛員。

其中，V鋼彈的主攝影機畢竟冠有「主」監視裝置之名，擔任的崗位極為重要。由於主攝影機在核心戰機的頭部格納狀態時也不會隱匿，因此可對前方進行廣範圍警戒。整流罩自頭頂向上突出，所以容積方面亦有餘裕，足以搭載大型又高性能的感測器。實際上，初期型與後期生產型所搭載的感測器似乎就真有差別。此外，後頭部也有配置感測器，負責警戒後方區域。

雖然只以一句感測器帶過，但內容其實是由各種攝影機與感測機能組合而成，搭載裝備因MS而異，V鋼彈採用的是左右並列的雙鏡頭式配置。在一年戰爭時期，MS的索敵裝置仍較現在原始，一般認為以三角測量原理進行射擊的測定方式較有利，但現在已可以統合處理機體各處的資訊，這個作法幾乎不再具有意義。筆者不認為這種雙鏡頭配置只是出於優先重視冠有「鋼彈」之名的MS外型特色，因而研判這是為了將集中於同一區域的感測器分散配置，或者出於備用或提升精度的用意，才會做出這樣的選擇。

雙眼式感測器周圍有著黑框保護，這是為了防止眩光，在保護感測器機能的同時，也能預防散射而導致情報混亂。

此外，頭部的左右側也另外配置副感測器，藉此填補主／雙眼式感測器的不足，實現左右360度、上下270度的走查範圍。臉部也在內部設有測距用相位陣列的電子元件，也因位於容易被彈的頭部正前方，因此外罩有面罩型裝甲加以保護。下顎處則搭載紅外線感測器，可配合頭部的各種感測器動作，對於提升精度有不少貢獻。

VICTORY GUNDAM

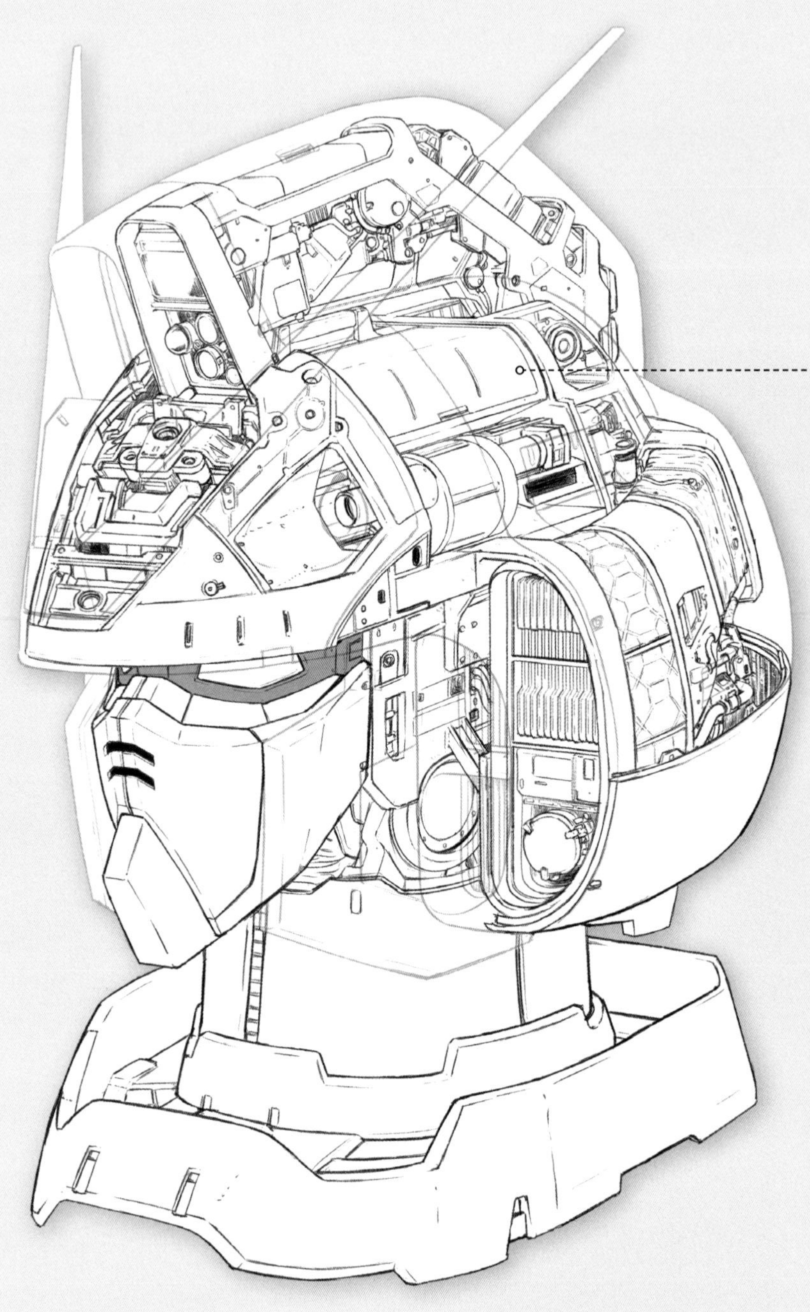

「VICTORY」型的頭盔內部機器想像透視圖。頭頂部的感測器兜帽與頭盔是一體的，維修時會拆除此處，此時內部的兜帽骨架會以後半部為旋轉軸，連同感測元件一起向上彈起。交換巴爾幹砲（25mm左輪加農砲）時便是以上述程序將元件拆除。不過平時進行彈倉補給或砲管交換的整備時，感測器兜帽會維持原樣，只將頭盔拆除。側頭部的熱交換器會匯集整個頭部產生的熱能，自前方釋放。

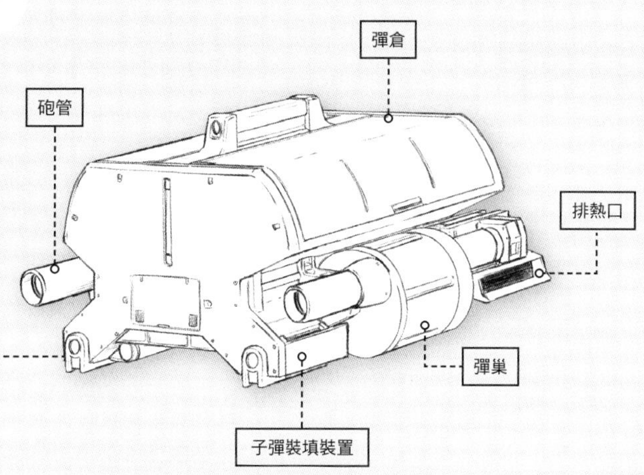

○頭部巴爾幹砲

V鋼彈的頭部內藏有固定武裝。自RX-78「鋼彈」以來，地球聯邦軍MS大多遵循傳統，採用這種頭部固定武裝配置，V鋼彈也不例外，不過理由不僅止於此，還包含了想在濃縮各種最低限機能的核心戰機內搭載武裝的意圖。

對於外型較數十年的MS更嬌小的V鋼彈而言，當時普遍搭載的60釐米巴爾幹砲顯得太巨大了，明眼人都看得出不適合作為固定武裝搭載。因此最後採用的是左輪加農砲。

左輪加農砲簡單說來，就像是大型版的左輪手槍，比起既有的反覆擊打撞針之機關砲，發射速度更快，而且比起砲管會旋轉的巴爾幹砲能更快架設好，再加上小型輕量不占空間，維修保養上也比其他機關砲來得容易。況且又使用埋頭彈（連藥莢底部都埋滿彈丸的彈藥，全長比一般的彈藥還短），採前方裝填式設計，因而得以縮短砲體全長。另外，嚴格說來這種加農砲不算是巴爾幹砲，會如此稱呼只是慣例所致。

一如前文所述，這種加農砲在設計時特別注重小型化，考量威力與裝彈數的結果，口徑訂為25釐米。啟動方式乃馬達啟動式，即使發生擊發不良的狀況，仍可安定射擊。此外，發射時的氣體可自後頭部開縫處排出，減少射擊時的反動，避免損害命中精度。為配合小型化方針，砲管也設計得較短，射程略遜於同級機關砲，但性質上較常使用於接近戰，所以並未特別形成問題。

發射速度大約每分鐘1,000～1,700發，比60釐米巴爾幹砲低，裝彈數也只有一門250發（60釐米巴爾幹砲為600發），但透過與感測器及雷達高度連結的FCS而以高命中率為傲，彌補了前述缺點。而砲管、膛室與擊發裝置各自都採用模組化構造，故障時可直接交換整塊模組，維修保養性相當良好，身為反抗組織而時常須進行野戰整備的神聖軍事同盟，其整備員亦給予好評。系統整體相當可靠，但由於砲管只有一根，有別於向來的MS用巴爾幹砲，因此無法長時間連續發射，且砲管的交換週期也較短。砲管上捲有冷卻用的護套。

使用的彈藥為前述的25釐米埋頭彈，長度較短，且均為無彈殼子彈，無須排出空藥莢，可有效節省排莢空間，大幅提升裝彈數。此外，由於發射藥得裝填在集中有感測類機具的頭部，因而選擇敏感度較低的火藥，安全性較高，誤炸時亦可將損害範圍控制在最低限度之內。

擊發動作由於會自操縱席遙控操作，因此採用電力

VICTORY GUNDAM

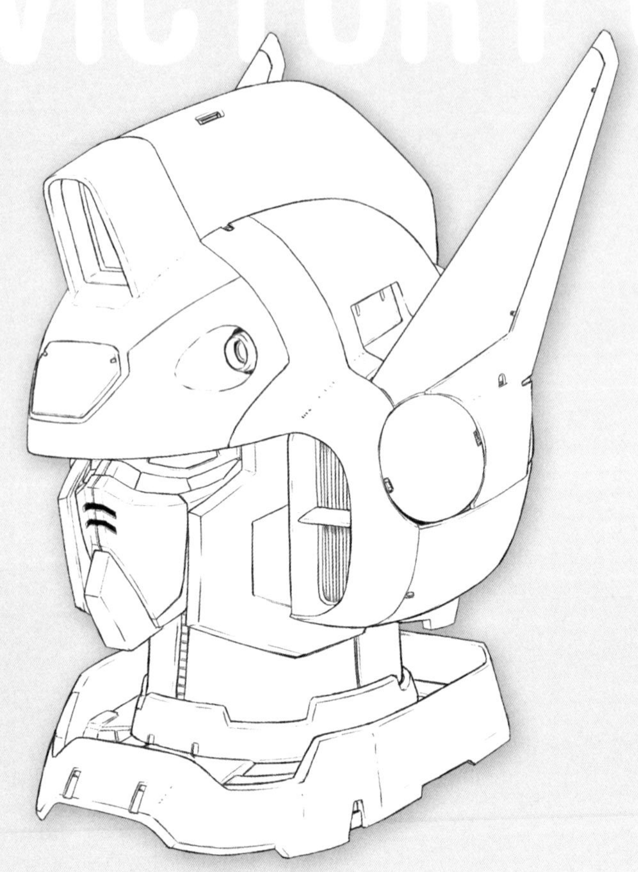

□**HEXA頭部：初期型**
有初期型之稱的頭部。在投入實戰的初期階段與V鋼彈同樣未裝配原本預定的巴爾幹砲，而是使用既有砲種的改造品，因此設有排出口。側面的天線整流罩是HEXA型最常見的一種。

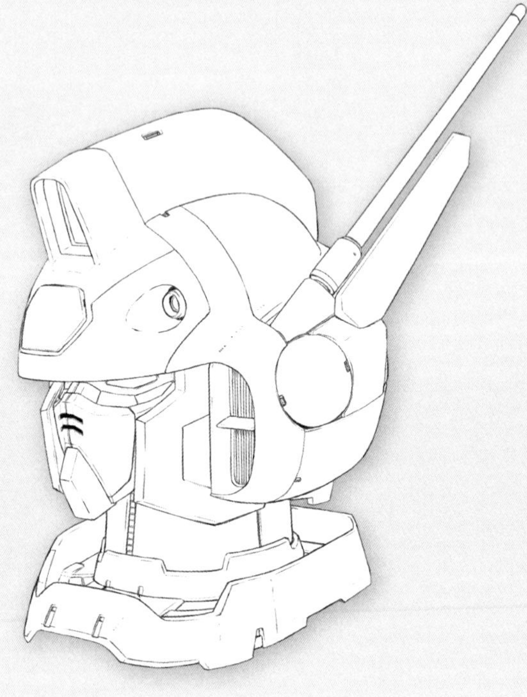

□**HEXA頭部：極天線型**
不具備天線整流罩，左側面裝有極天線型的通訊用天線。中期型以後的機體與V鋼彈搭載了同類型巴爾幹砲，因此取消排莢口（巴爾幹砲採用無彈殼子彈）。

引火式機構。彈種除了對MS、對航空機用的徹甲榴彈外，還準備了對人彈、擾亂感測用的榴彈等等。不過，受到裝彈數與運用的限制，較常見的還是徹甲榴彈搭配曳光彈的組合，考慮到補給狀況，可以認為實際運用時幾乎就固定是這種模式。順帶一提，有的駕駛員似乎還會在左右機關砲裝填不同的彈種，因應不同狀況使用。

關於威力方面，縱使難以貫通駕駛艙等裝甲較厚的部分，要炸飛關節或頭部這類構造上較為脆弱的部分還是綽綽有餘。配合頭部的索敵、觀測裝置及FCS，還可以啟動無須駕駛員操作的自動排除周邊殘骸模式。

巴爾幹砲（25釐米左輪加農砲）是以供VICTORY型搭載為前提而開發，不過稍微費了點功夫才完成，結果來不及給V鋼彈的初號機與初期生產機體搭載，只好以航空機搭載用的25釐米格林機關砲砲管切短後代用。這種砲的發射速度達每分鐘3,600～4,200發，超過巴爾幹砲的三倍，但因砲身縮短導致集彈性惡化，且相對於一門180發的裝彈數，其彈藥消費量

DETAILS

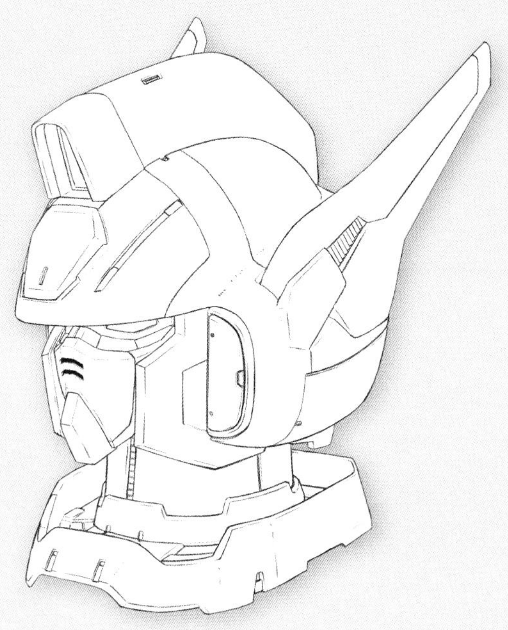

□HEXA頭部：後期型
部分後期生產型使用的頭部。可看到已替換為巴爾幹砲的感測系機具，冷卻的必要性降低，因此取消了側頭部前方的開口處。面罩內的雷達也經過換裝，維修保養時的開閉方式有所變動，因而面罩中央已不見分割線。

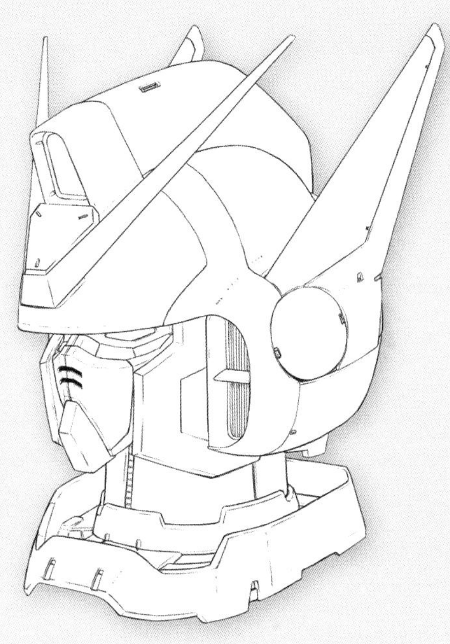

□HEXA頭部：V字天線型
VICTORY型機體雖然肩負「反攻象徵」的期待，但額頭裝配V字型天線的機體卻出乎意料地少。HEXA推出時，有極少數機體在正面裝配V字天線的同時，也在左右兩側配備天線。

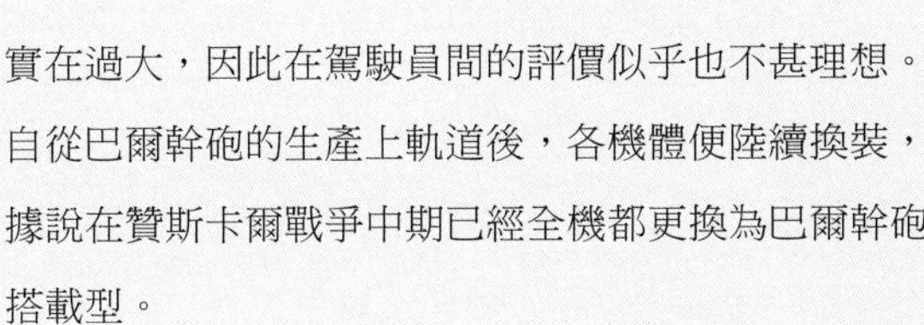

實在過大，因此在駕駛員間的評價似乎也不甚理想。自從巴爾幹砲的生產上軌道後，各機體便陸續換裝，據說在贊斯卡爾戰爭中期已經全機都更換為巴爾幹砲搭載型。

○頸部

為使機體獲得廣泛搜查範圍，V鋼彈的頸部搭載了兼具迅速與纖細的可動元件，可同時滿足滿足搜查所需的可動性，以及作為CIWS旋轉塔所需的平滑＆迅速之動作性。此元件由包覆了磁氣覆膜的力場馬達所構成，可於一秒內完成360度旋轉，可動範圍為左右360度、仰角70度、俯角30度。機體雖然設定了搜查模式，讓頭部於模式中持續360旋轉，但MS型態下有著無法使用主攝影機進行搜查的行動限制，核心戰機狀態下又可進行目視飛行，無須使用主攝影機，反而只會增加空氣阻力，因此使用這種搜查模式的狀況並不常見。此外，頭部持續旋轉的搜查動作莫名滑稽，因此在駕駛員與整備士之間被揶揄為「咖啡杯」。

VICTORY GUNDAM

BODY

圖中省略手臂

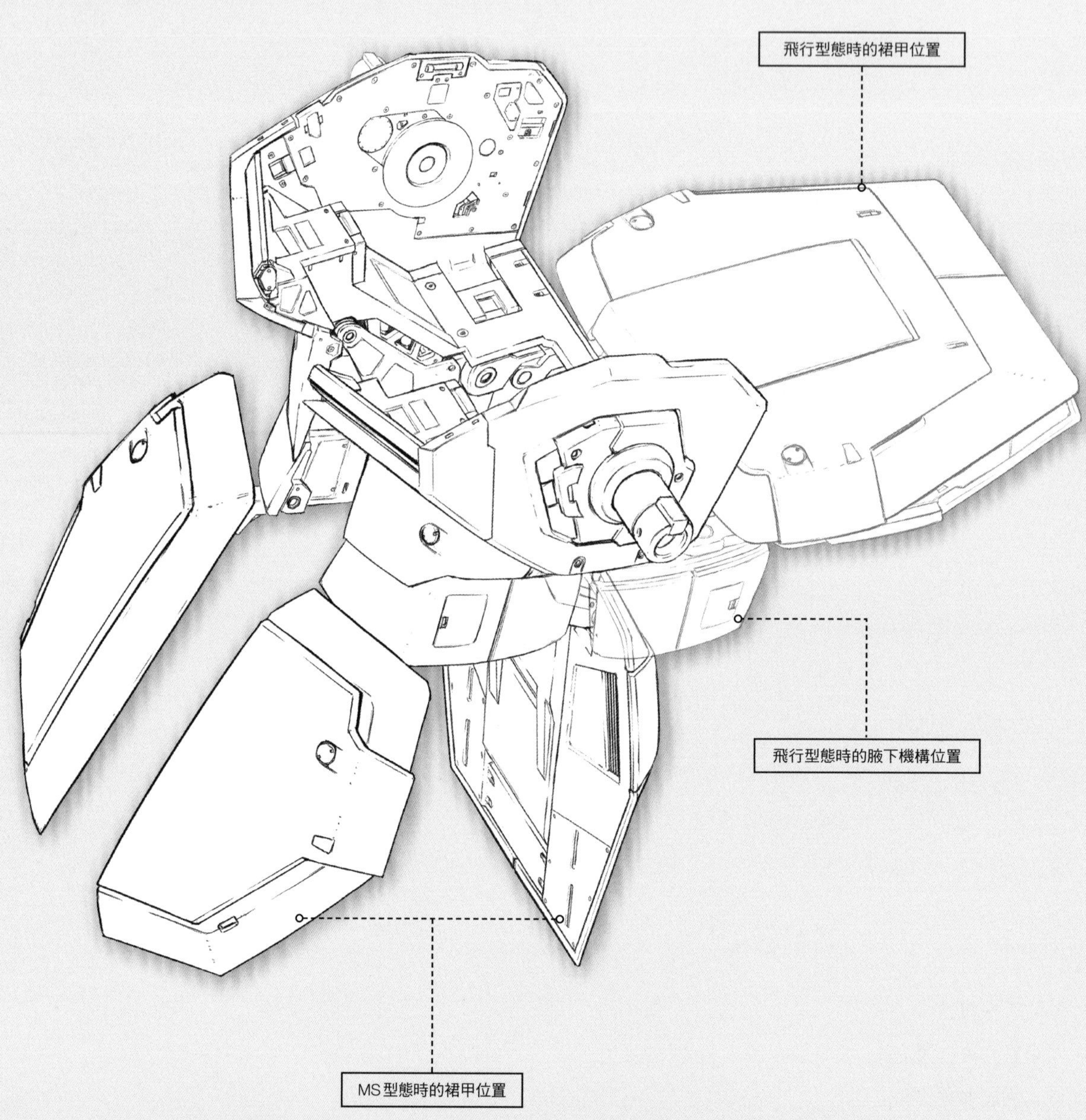

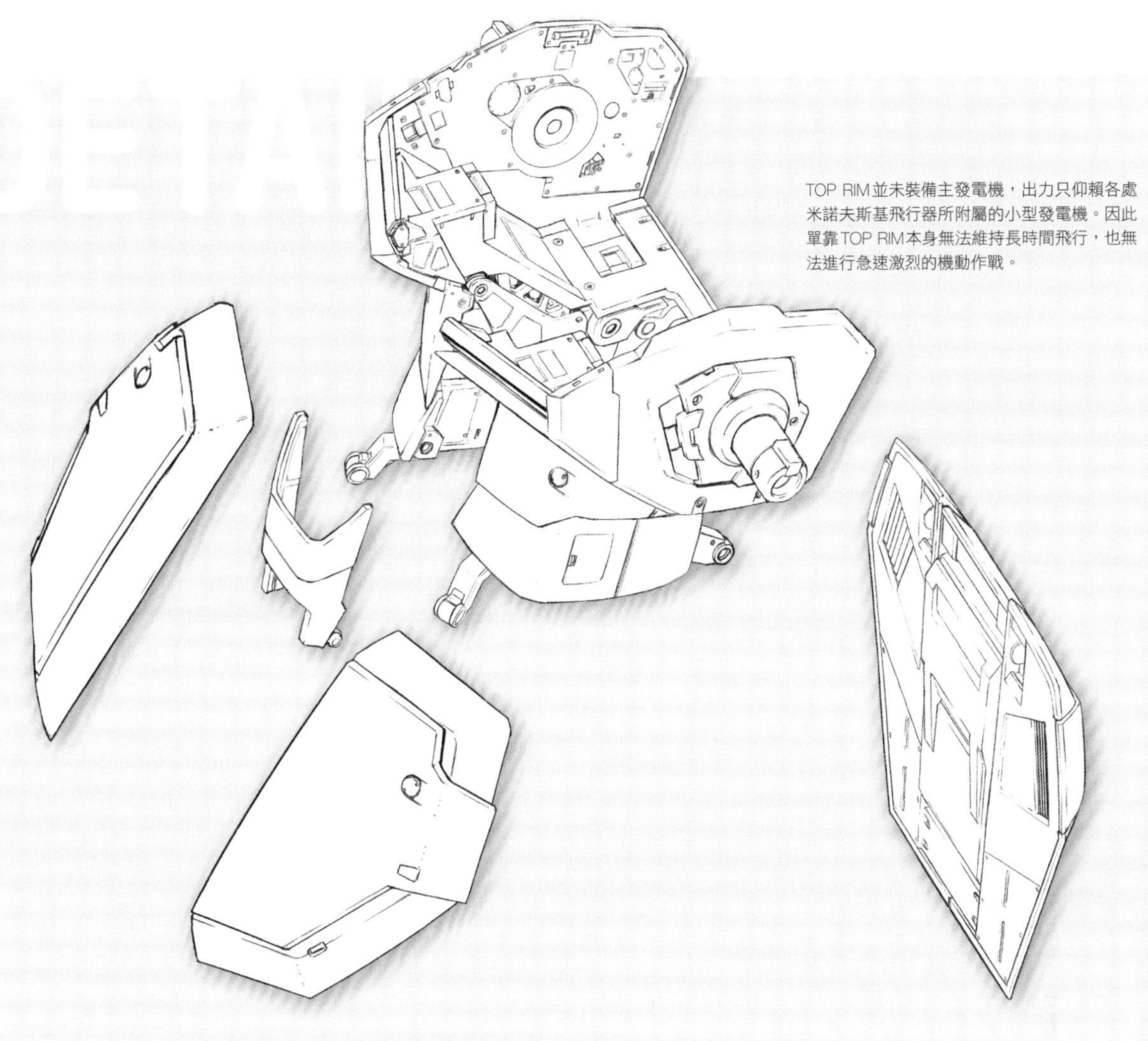

TOP RIM並未裝備主發電機，出力只仰賴各處米諾夫斯基飛行器所附屬的小型發電機。因此單靠TOP RIM本身無法維持長時間飛行，也無法進行急速激烈的機動作戰。

上半身（TOP RIM）之構造

一般認知TOP RIM是V鋼彈的上半身，不過胸部中央與頭部其實屬於核心戰機，TOP RIM的主體是由上述部分的外殼構造，再加上手臂與部分腰部所構成。

胸部側面幾乎全由板狀構造組成，以稍微向外突出的方式包覆住肩膀的基部關節構造。與折疊主翼的核心戰機接合後形成三重構造體（並非單獨一片片，而是具備複合構造），可確保支撐手臂所需的剛性。

由於並未搭載具備主發電機的高出力米諾夫斯基飛行系統，因此飛行能力有限。單靠TOP RIM本身的行動力，頂多只能為了合體成MS型態，設法到戰鬥空域與核心戰機會合而已。要與核心戰機結合成TOP FIGHTER型態才有辦法大幅提升行動半徑。

一旦各模組進入可合體狀態並展開接合程序，可能就會出現需要米諾夫斯基飛行器緊急出力的狀況。這種情形會使用腋下至側面部分的大容量能源匣發電，藉以驅動米諾夫斯基飛行器。

VICTORY GUNDAM

ARM

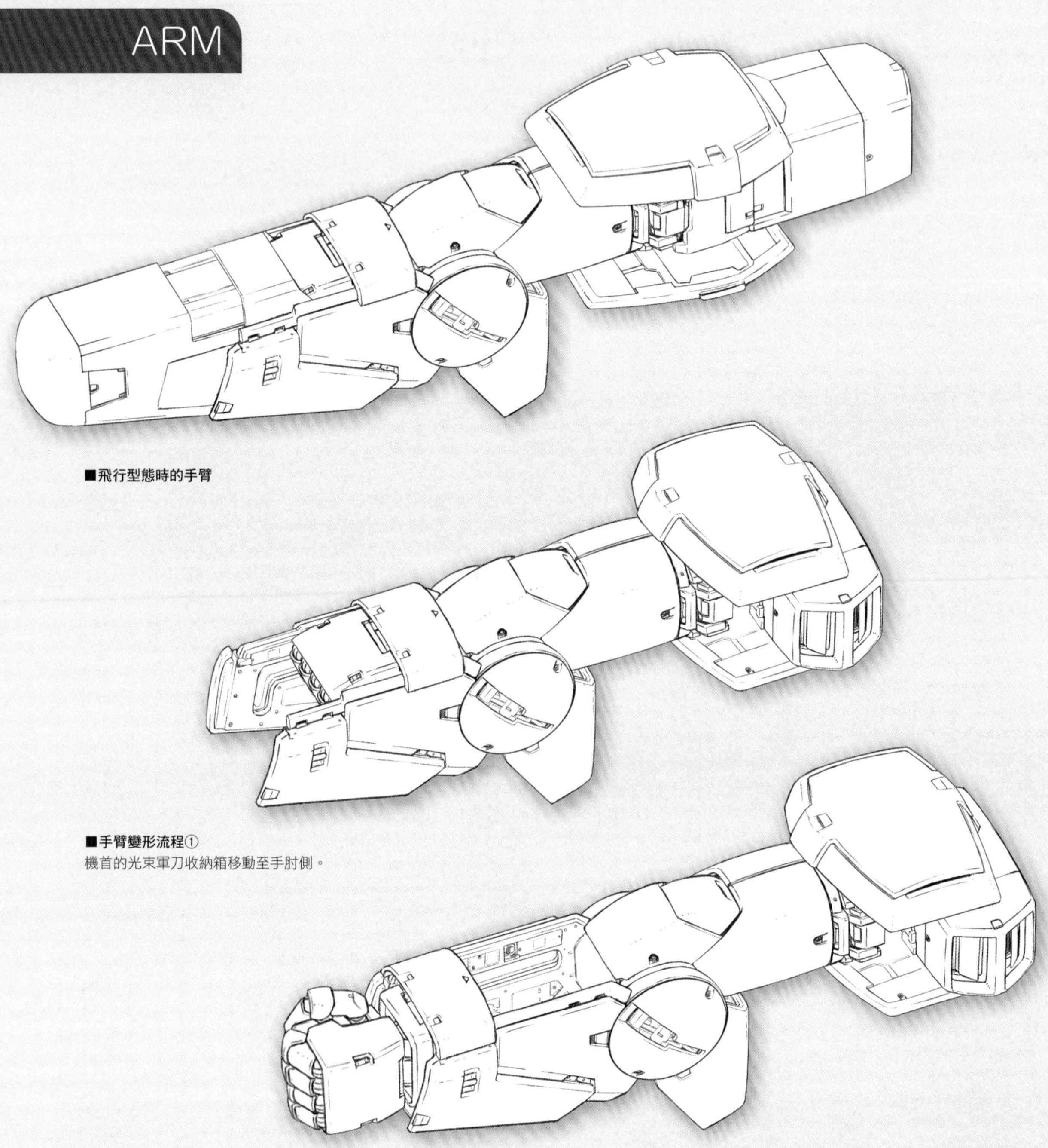

■飛行型態時的手臂

■手臂變形流程①
機首的光束軍刀收納箱移動至手肘側。

■手臂變形流程②
收在前臂內的手掌朝前方移動。收納箱一面進入騰出的空間，一面與護肘一體化。

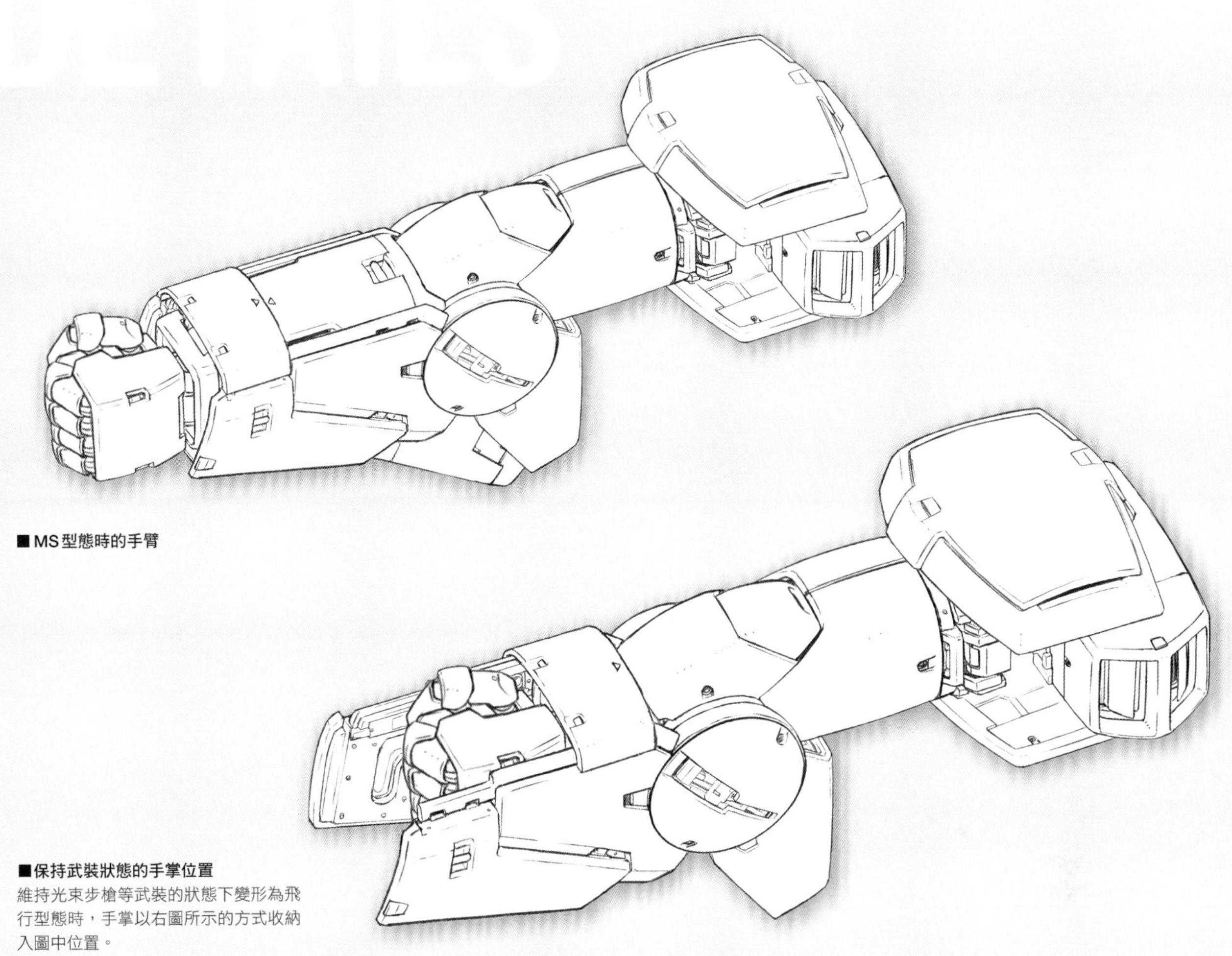

■MS型態時的手臂

■保持武裝狀態的手掌位置
維持光束步槍等武裝的狀態下變形為飛行型態時，手掌以右圖所示的方式收納入圖中位置。

肩膀部分則配置有較高出力的米諾夫斯基飛行器元件，呈現為由前後裝甲所保護的形式。TOP RIM或TOP FIGHTER就是仰賴這部分的推力飛行，但出力畢竟不及核心戰機本體或BOTTOM RIM所搭載的發電機，因此單體的飛行能力絕對稱不上高。

肩部的發電機還會供給前臂各處的米諾夫斯基飛行器噴射口能源，但想維持在最大出力狀態就必須與核心戰機接合才有可能。

就如同MS原本的概念，手臂乃AMBAC肢的構成要素，同時也是保持武裝用的機械手掌。大多數的可變形式MS都會考量空氣動力，將飛行時派不上用場的手臂格納入體內，不過TOP RIM只將手掌收納進手臂前端，並移動光束軍刀收納箱，使其成為機首，手臂亦朝前方突出，變形成三胴型型態。這主要是為了將肩部米諾夫斯基飛行元件作為主推進器利用。光束軍刀收納箱的前端部分內藏有I力場發生器，可藉此

VICTORY GUNDAM

展開光束護盾防護機體。收納箱於MS型態下會成為手肘，同樣能展開光束護盾。此外，手肘兩側設有硬點，因此要在裝載選配武裝的狀態下飛行也極有可能辦到。不過，兩側皆設硬點的原因是上臂與下臂的零件左右手共通，實際上使用內側硬點的機會較少，似乎僅曾作為誘餌使用過，或因發生故障而與整備中的元件交換。

乍見之下似乎與下半身連結的前方與後方裙甲，其實附隨在TOP RIM上。如此設計的原因一般認為是為了能利用裙甲內的米諾夫斯基飛行器輔助駕馭飛行姿勢，但實際理由眾說紛紜；亦有說法認為這是為了在分散的各處生產據點平均分攤TOP RIM與BOTTOM RIM的工程數所致。

連接往胸部的部分可隨手臂一同向上彈起，這時若再將手臂旋轉至後方，即可縮小左右前後的幅度，成為適於積載的型態。這種型態就稱為DEPLOYMENT MODE（搭載型態）。

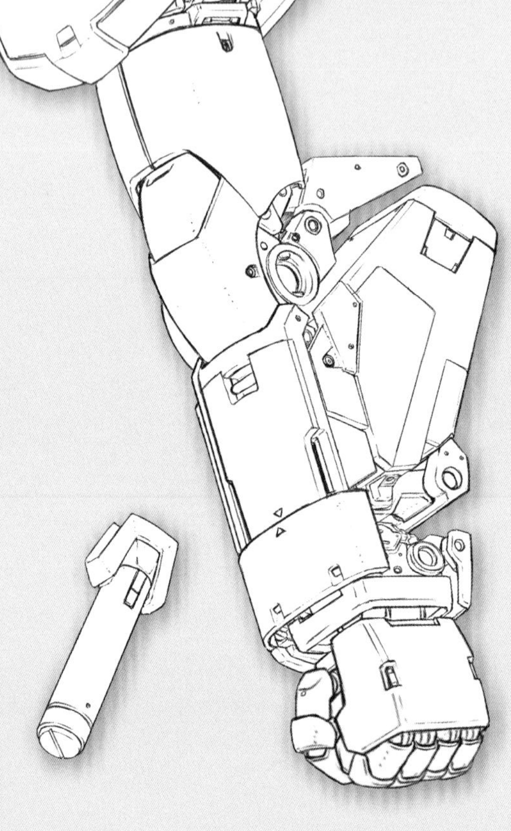

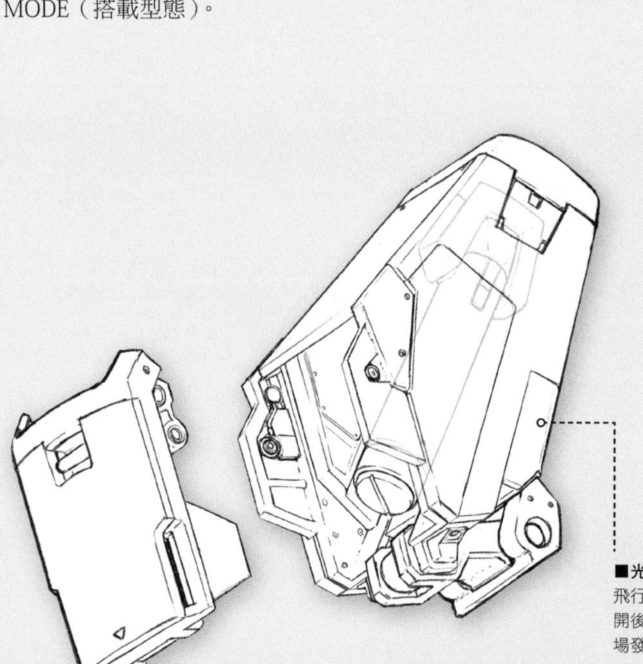

■光束軍刀收納箱
飛行型態下成為雙頭機首的光束軍刀收納箱，可在前臂的前方護板打開後取出收納於內部的光束軍刀。收納箱前端可利用光束軍刀的I力場發生器展開光束護盾，日後更是搭載專用的I力場發生器。

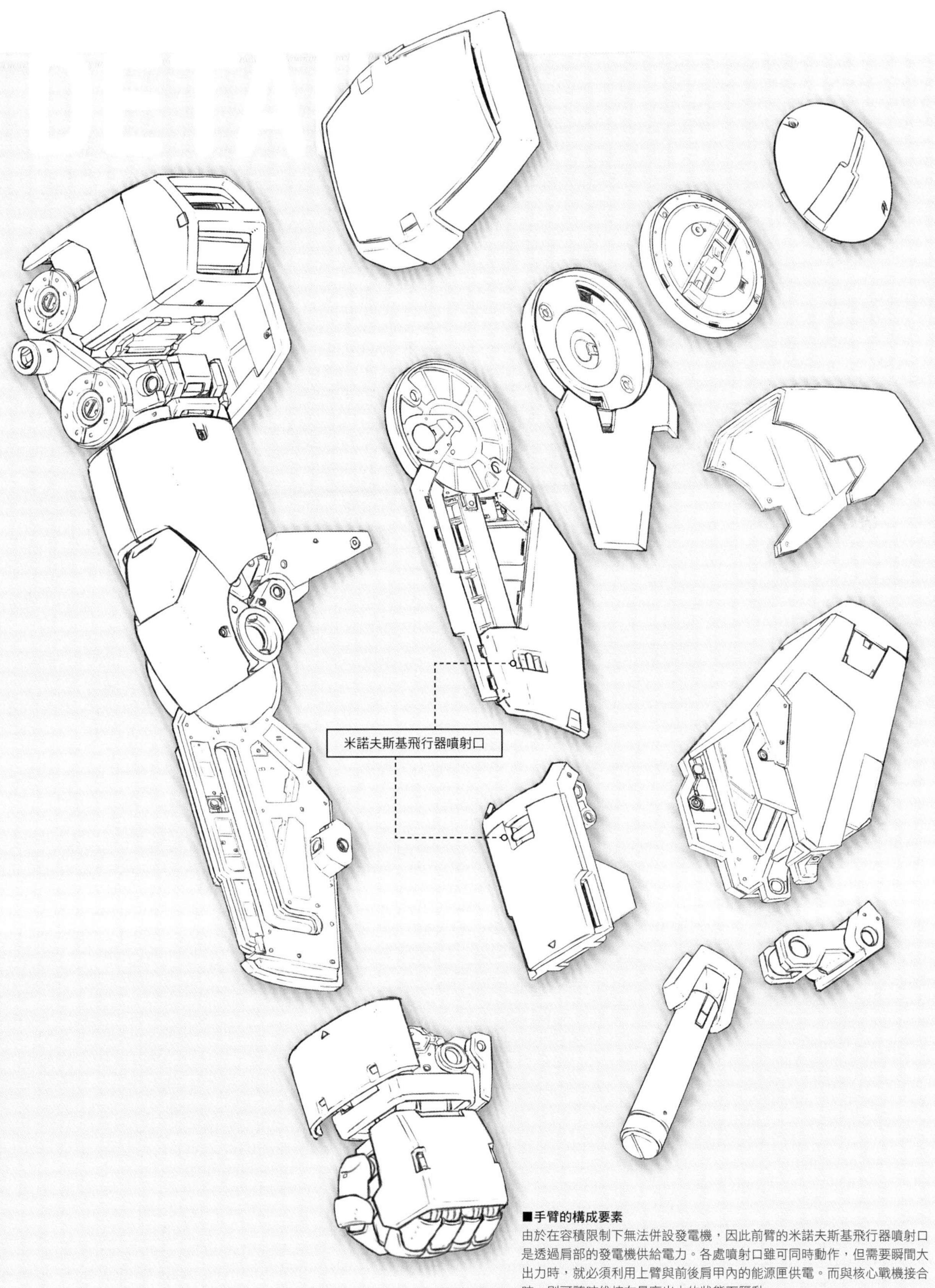

■手臂的構成要素

由於在容積限制下無法併設發電機，因此前臂的米諾夫斯基飛行器噴射口是透過肩部的發電機供給電力。各處噴射口雖可同時動作，但需要瞬間大出力時，就必須利用上臂與前後肩甲內的能源匣供電。而與核心戰機接合時，則可隨時維持在最高出力的狀態下驅動。

VICTORY GUNDAM

■ BOTTOM RIM（腰部示意圖）

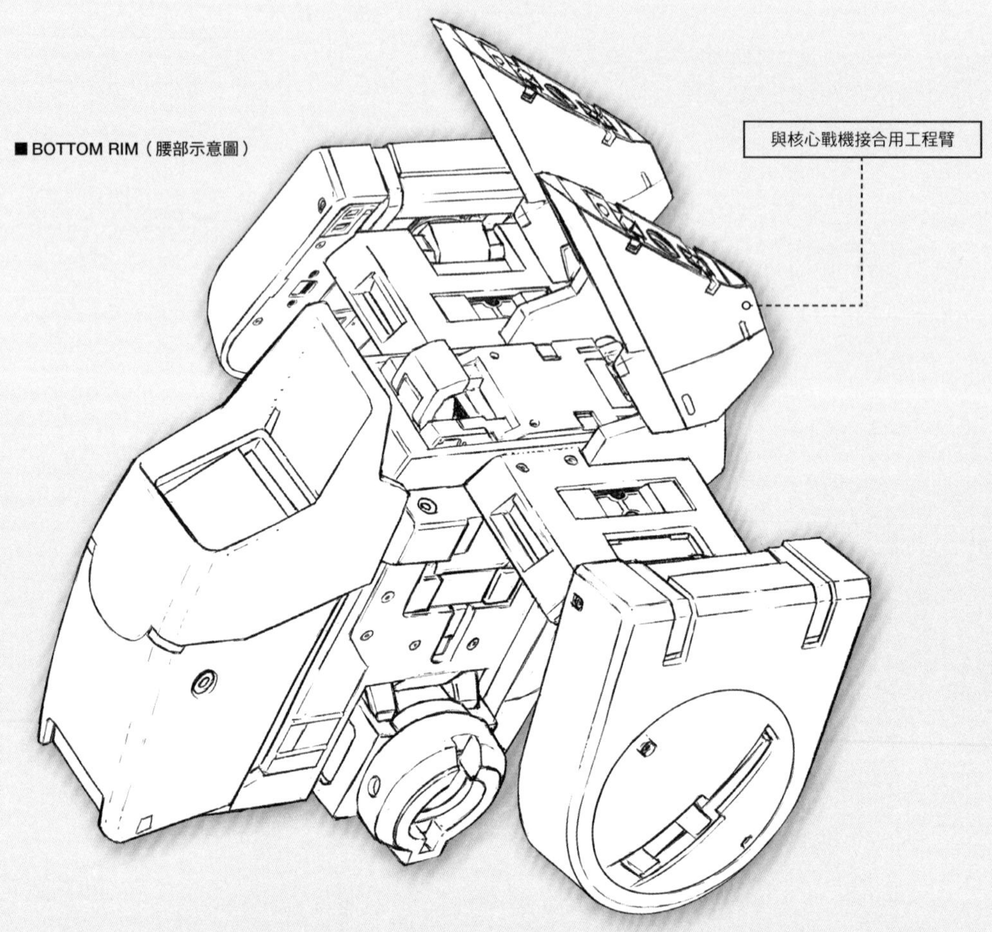

下半身（BOTTOM RIM）之構造

BOTTOM RIM是以V鋼彈之下半身為主體的模組。腰部的關節構造幾乎僅以可變骨架構成，此處會與前方、側面裙甲及腳部連結。

當模組要合體成為MS型態的V鋼彈時，無須透過TOP RIM，BOTTOM RIM與核心戰機的構造材會直接彼此連結。這個設計一方面是考量構造強度問題，一方面也帶有可確保能源傳導路徑與資訊傳送接收系統順暢無礙。

維持BOTTOM RIM狀態時，股關節會朝左右兩側展開，增長兩腳間的間隔。這是為了組成BOTTOM FIGHTER型態時，能在不帶給腳部負面影響的狀況下利用核心戰機的引擎區塊推力。

左右裙甲幾乎只是純粹的硬點，也是構造強化處，兼具裝甲板的作用。不過，在BOTTOM RIM飛行型態時裙甲會倒往機體下方，夾在兩大腿部及中央腰部之間，因此可懸掛的選配裝備在幅度上會受限。

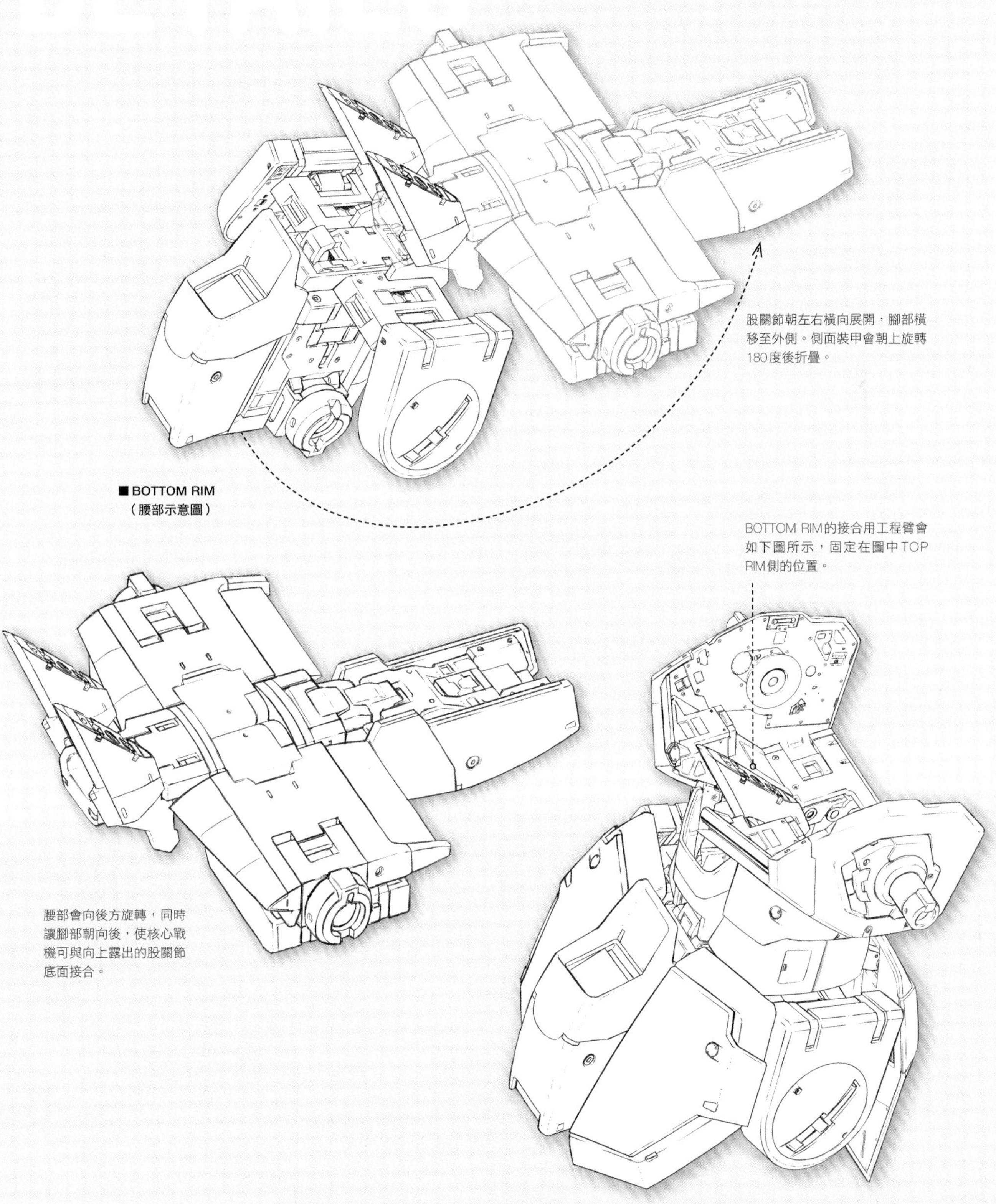
股關節朝左右橫向展開，腳部橫
移至外側。側面裝甲會朝上旋轉
180度後折疊。
■ BOTTOM RIM
（腰部示意圖）
BOTTOM RIM的接合用工程臂會
如下圖所示，固定在圖中TOP
RIM側的位置。
腰部會向後方旋轉，同時
讓腳部朝向後，使核心戰
機可與向上露出的股關節
底面接合。

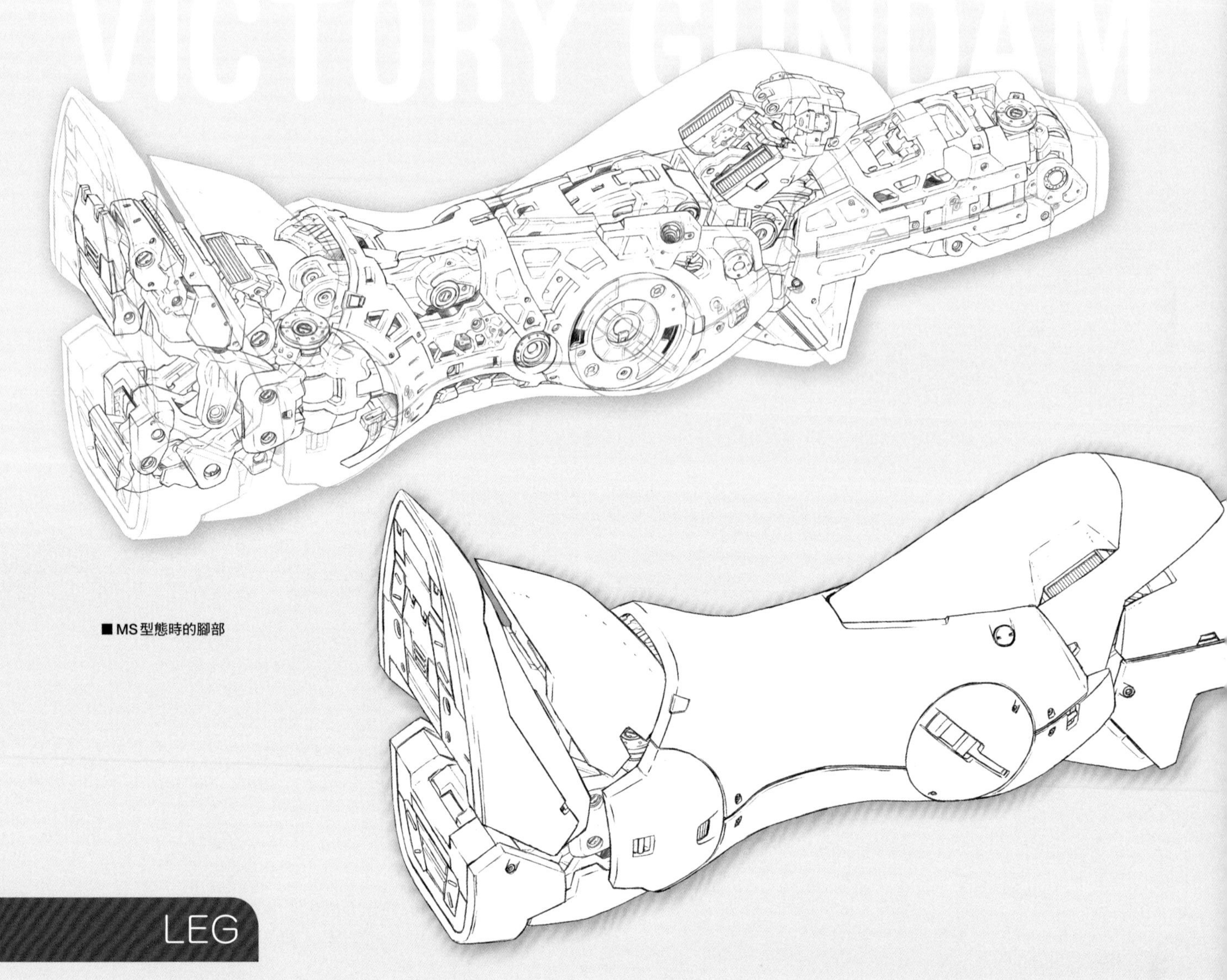

■MS型態時的腳部

LEG

大腿機構於上端、膝蓋內側突出的兜帽內藏有米諾夫斯基飛行元件。上端的噴射口只限定於MS型態下使用，主要用途是在BOTTOM RIM及BOTTOM FIGHTER型態下作為反向推進噴嘴運用。膝蓋內側的噴射口面向上方，在MS型態下用於輔助駕馭姿勢。大腿處內藏副發電機，輔助腳部供電。餘下的容積皆為反應劑儲藏箱與能源匣所占據，並成為BOTTOM RIM單獨飛行時的動力來源。

至於小腿的部分，膝蓋也內藏米諾夫斯基飛行器，會從左右的開縫狀噴射口噴出米諾夫斯基粒子。小腿構造並非於骨架中埋入機器，而是內包可動骨架，並利用外側框架的強度於小腿兩側面設置硬點。不過就V鋼彈而言，考慮到腳部內側若設置硬點並掛載選配裝備，會妨礙MS型態的可動性，使用的機會應該不高，因此腳部硬點只設於外側。MS在手臂或腳部使用左右共通的零件乃合情合理的作法，在供給面及整

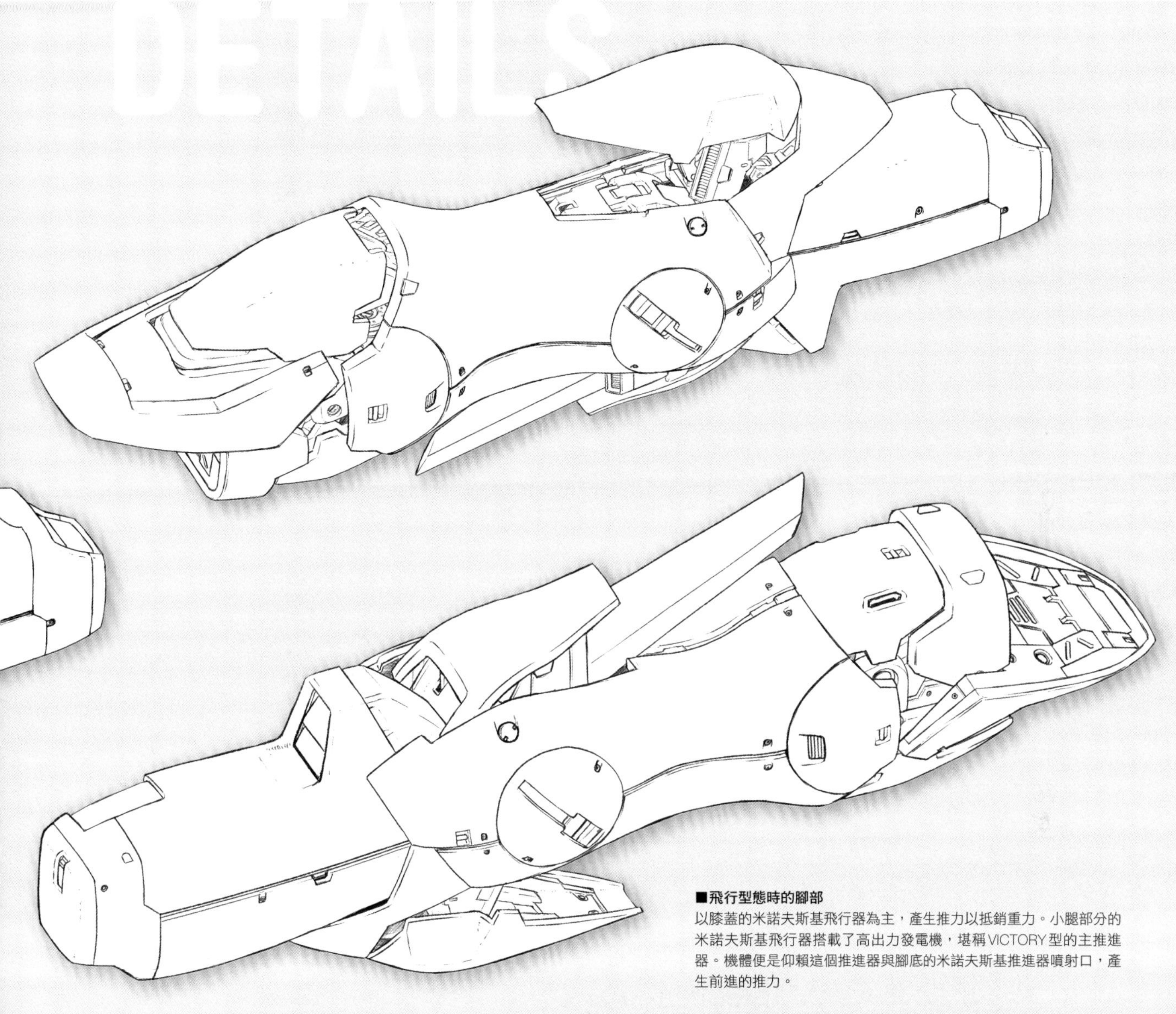

■飛行型態時的腳部
以膝蓋的米諾夫斯基飛行器為主，產生推力以抵銷重力。小腿部分的米諾夫斯基飛行器搭載了高出力發電機，堪稱VICTORY型的主推進器。機體便是仰賴這個推進器與腳底的米諾夫斯基推進器噴射口，產生前進的推力。

備面上皆可減少混亂，但基於上述理由，小腿左右外板仍採用了形狀不同的零件。話雖如此，骨架還是左右共通，兩側也都事先備好增設硬點用凹槽，內側的部分大多會裝入副發電機用的預備反應劑儲藏箱或能源匣。

左右小腿肚各自內藏有一對米諾夫斯基飛行器。通常MS狀態時會格納於小腿肚內，在BOTTOM RIM或BOTTOM FIGHTER狀態下，才會與垂直安定板一起向上掀開外露。垂直安定板表面可發生電荷，藉此透過左右面控制米諾夫斯基粒子的流速，進而駕馭偏擺方向的機體姿勢。MS狀態依機動方向等條件而定，也會因應需求展開。日後的機體在此處護板下方左右各追加了一對低出力推進器。

與核心戰機接合成BOTTOM FIGHTER型態時，展開的雙膝、小腿，以及腳底的噴射口都會產生向前的推進力。

VICTORY GUNDAM

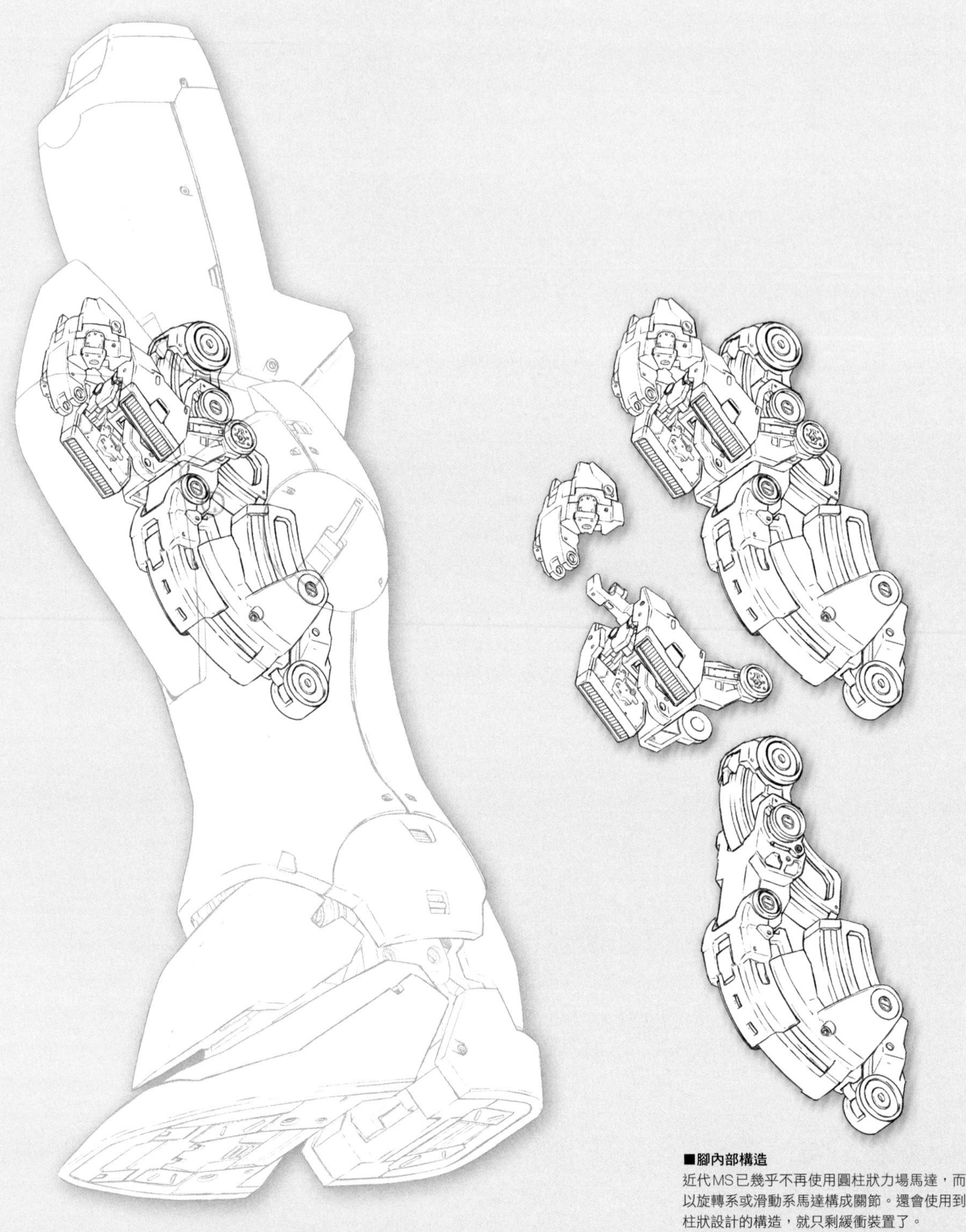

■腳內部構造
近代MS已幾乎不再使用圓柱狀力場馬達，而是以旋轉系或滑動系馬達構成關節。還會使用到圓柱狀設計的構造，就只剩緩衝裝置了。

DETAILS

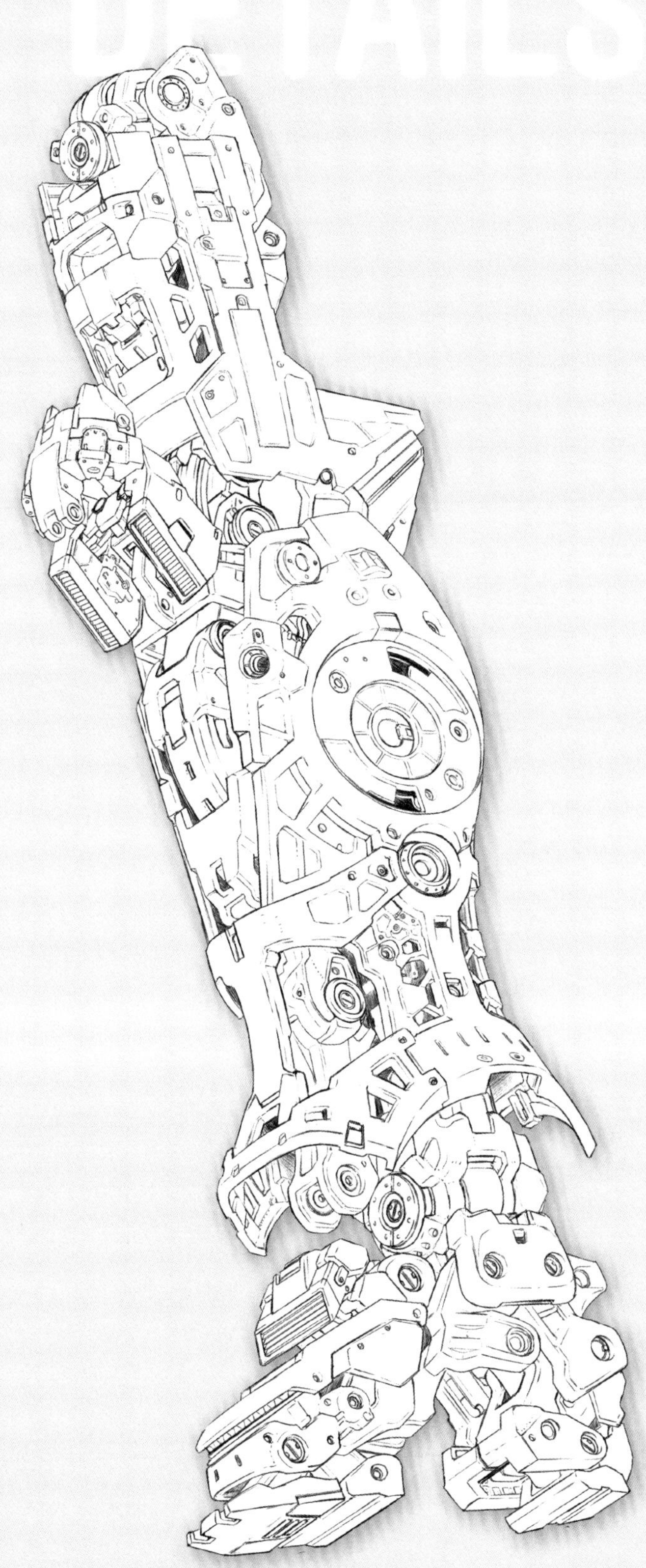

小腿側面下端的裝甲板與本體分割，左右皆可掀開約20度的範圍。裝甲板外側並設有推進器噴射口（不過是低出力），可用以駕馭姿勢，日後的機型並於此追加了米諾夫斯基飛行元件。變形為飛行型態時，腳掌內關節構造會暴露在外，以腳踝側為支點的踝部前方裝甲板便是在防護此處。

關於腳掌構造最值得一提的特點，想來還是排除既往的推進系統，達到縮減體積的目的這點吧。以往於地面運用MS時，土砂可能會自噴嘴口流入或附著於表面，形成障礙。而米諾夫斯基飛行器噴射口乃是面板式構造，再加上又是小型尺寸，不會呈現為傳統的噴嘴狀構造。況且MS本身就是小型輕量機體，腳掌內部無須再內藏大型又複雜的推進系統，因此整體體積不必刻意放大，整備性也得以提升。

腳跟的後方裝甲板上也設有推進器噴射口，噴射方向朝下，類型看起來很接近傳統MS配置在小腿喇叭狀開口內的種類。在此處正後方配置推進器的案例並不多見，對於令「V鋼彈」機動特性產生變化似乎有些效果。此部位同樣也增設了米諾夫斯基飛行元件。

腳底部分並非完全採用新素材，而是以性質介於金屬及彈性體之間的材料塑造成型。雖然磨耗程度沒有彈性體那般高，摩擦係數卻高得恰到好處，也兼具耐熱性，是大多當代MS皆採用的素材。設計上，腳底素材必須與裝甲、外板素材具備同樣性質；亦即在真空宇宙空間中，不會與其他金屬等素材產生分子間結合反應，而這種材料也確實滿足此條件。神聖軍事同盟有部分成員的立場與民間人士相近，考慮到戰場就在他們周遭，後發的V鋼彈之後的機體，皆採用有警示意味的紅色材料。

V鋼彈的BOTTOM RIM比傳統MS具備更多推力產生點，體積卻更緊緻、重量更輕，對於提升整體機動性貢獻良多。因此作為供推進器任意調整位置與角度的可動肢而言，其肩負的比重可說是比以往來得更大。

TRANSFORMATION

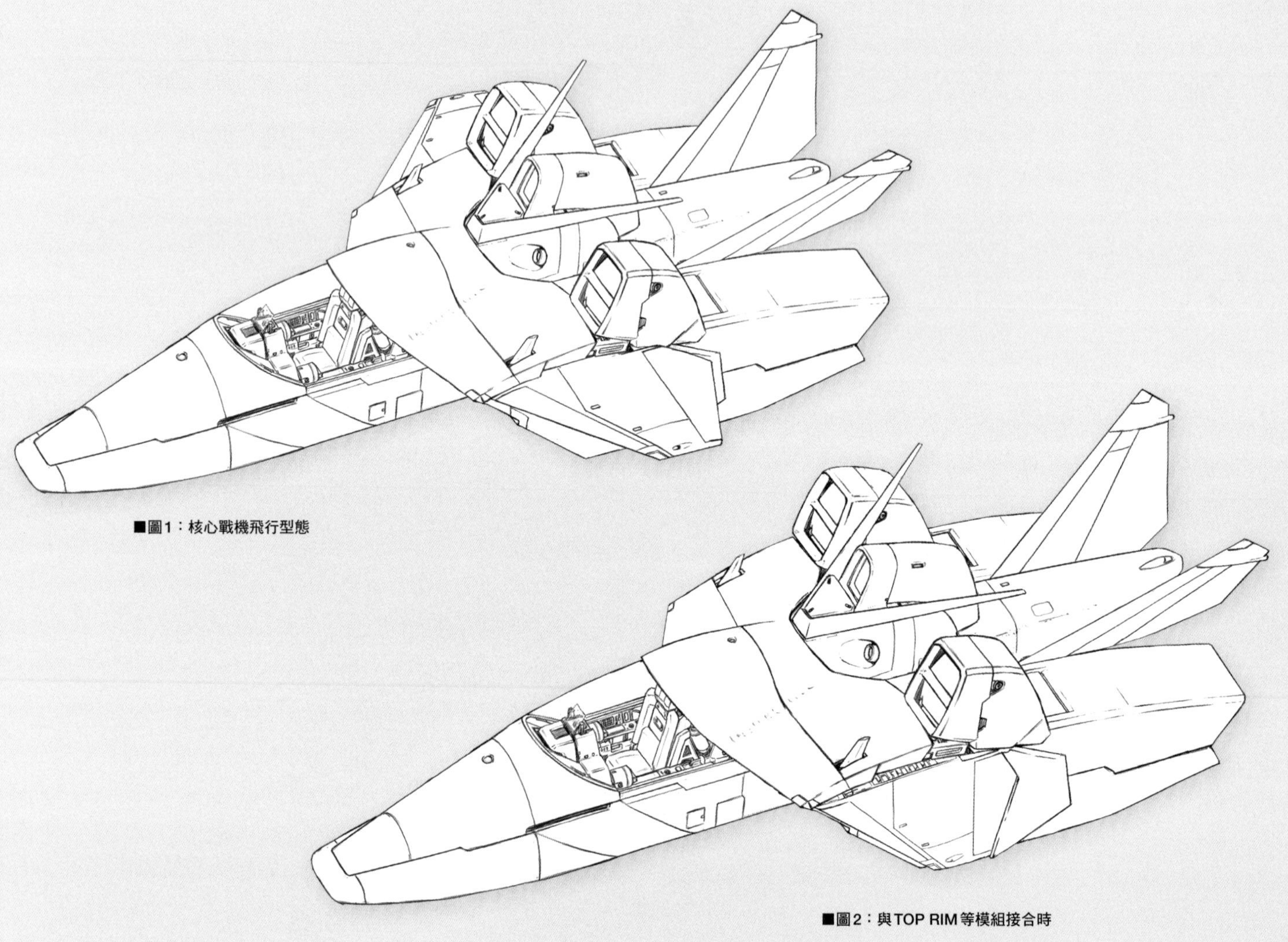

■圖1：核心戰機飛行型態

■圖2：與TOP RIM等模組接合時

核心戰機的變形系統

核心戰機的變形系統在設計時所預設的變形目標，自然包含MS型態上半身（頭部、胸部）元件，另外也能夠應用變形機構，只變化部分形狀，轉換為適合與TOP RIM、BOTTOM RIM或各種選配元件連結的型態。

不過，與BOTTOM RIM合體時其實並不需要變形，只要維持原狀與腰部底面連結即可。

與TOP RIM合體時，則與接合成MS型態時相同，要將機體收納進TOP

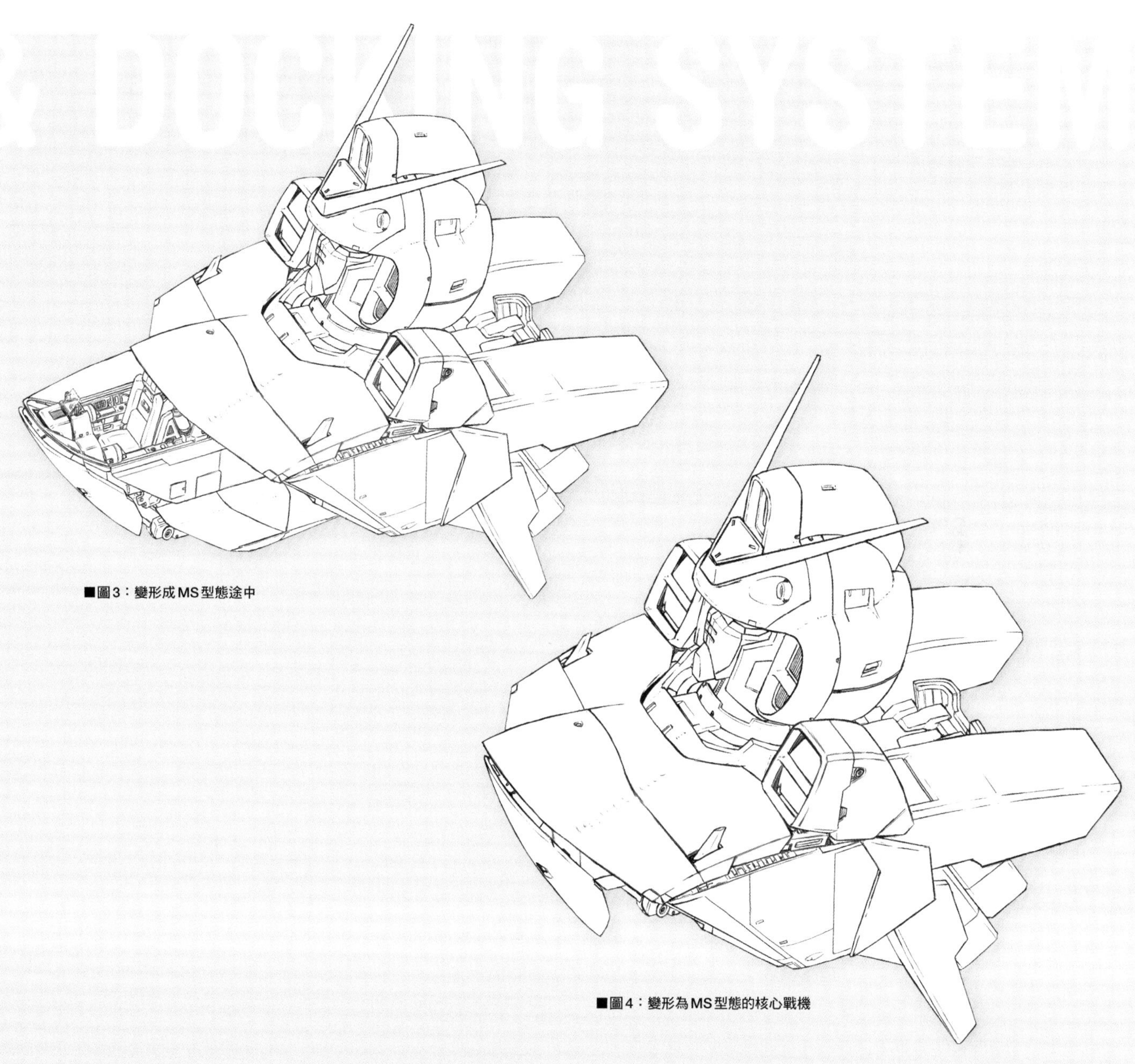

■圖3：變形成MS型態途中

■圖4：變形為MS型態的核心戰機

RIM的胸部側面外殼內，因而必須摺疊主翼（由圖1至圖2）。合體後就是名為TOP FIGHTER的型態。

合體成TOP FIGHTER型態後，無須再次分離便可以直接變形為MS型態。核心戰機就和單獨與TOP RIM或BOTTOM RIM接合時相同，會將機首格納於機體內，同時讓MS頭部向上突出，駕駛艙區塊收往中央軀體，機首向下摺疊（如圖3）。在這時，原收納於機首內的胸部前面裝甲會隨之展開，引擎區塊也會展開下側整流罩，同時內部推進器噴射口轉為約45～50度向下的角度。

結束變形的核心戰機外表雖與航空機大相逕庭（如圖4），但在空中仍可藉由米諾夫斯基飛行器保持機體姿勢，同時進行某種程度的機動。核心戰機變形為MS型態時，可遙控引導TOP RIM及BOTTOM RIM飛行至周邊，進入最終接合流程。透過誘導其他模組同時控制自機的飛行，完成合體動作。

TRANSFORMATION

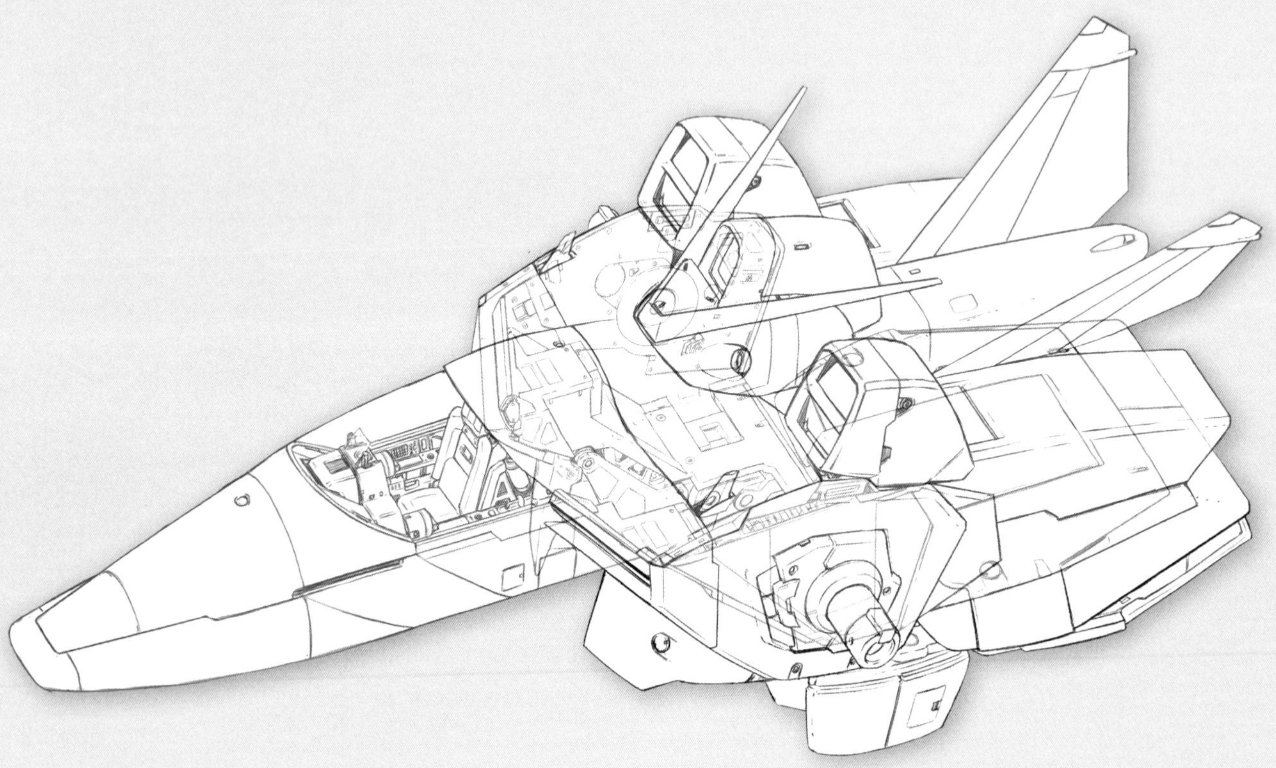

核心戰機與TOP RIM合體而成的TOP FIGHTER型態（圖中省略手臂）

上半身的接合系統

核心戰機與TOP RIM合體後構成TOP FIGHTER。這時，核心戰機為了與TOP RIM結合而實行的變形步驟，就是變形成MS型態所運用之系統的一部分。

具體而言，就是摺疊主翼後，將機體固定於TOP RIM的中央部分，亦即上半身的格納框體。核心戰機的引擎區塊會直接從框體的後方突出，作為主推進器於飛行時使用。

變形成MS型態時，就連手臂與裙甲都會變形。繞往後方的裙甲，其變形原則是讓內側彼此相接，前方裙甲會與腋下部分的區塊一同向前旋轉，後方裙甲則移往固定位置，同時中央的米諾夫斯基飛行器噴射口也會掀開護蓋。

腰部與上方的米諾夫斯基飛行器噴射口會與前後裝甲結合成肩膀，收納於前臂內部的手掌向外轉出，於TOP RIM狀態成為雙頭機首的光束軍刀收納箱則移往手肘。此收納箱同時也是光束護盾產生器，因此MS型態便由此展開光束護盾。考慮到這點，手肘的收納箱配置得稍微偏向外側了些。

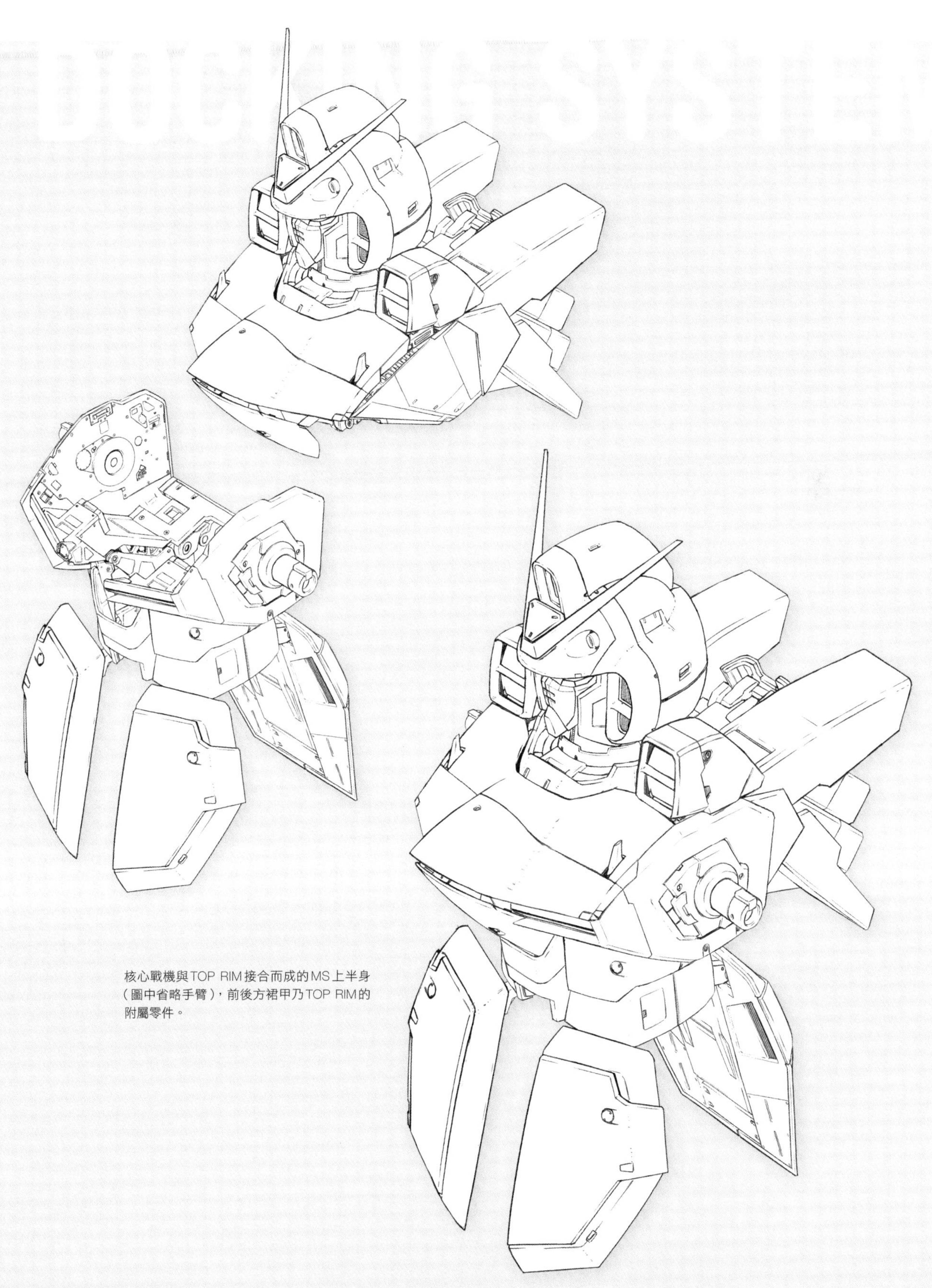

核心戰機與TOP RIM接合而成的MS上半身（圖中省略手臂），前後方裙甲乃TOP RIM的附屬零件。

TRANSFORMATION

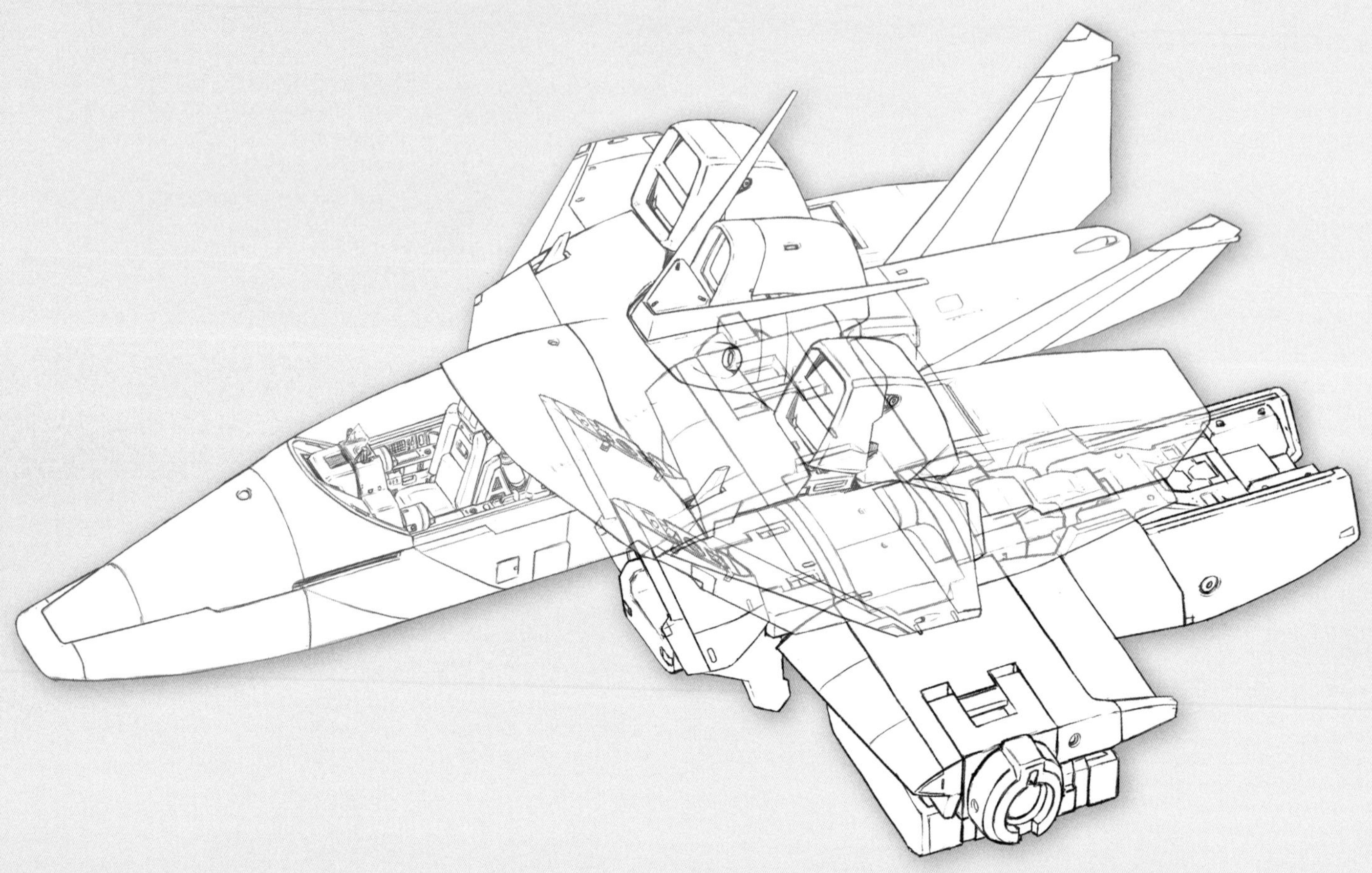

BOTTOM FIGHTER型態的內部透視圖，由核心戰機與BOTTOM RIM合體而成（圖中省略腳部）。兩模組透過BOTTOM RIM的接合用機械臂穩固地鎖在一起，MS型態時也同樣會用到這組機械臂鎖定。

下半身的接合系統

核心戰機與BOTTOM RIM合體後，便會成為BOTTOM FIGHTER。這時，核心戰機可維持飛行狀態直接與BOTTOM RIM結合，只是在變形為MS型態時，必須先解除接合。

變形為MS型態時，BOTTOM RIM會將中央股關節區塊以180度展開，同時腳部90度向下旋轉（這時小腿肚的噴射口會收納進機體內，腳掌則回至一般位置）。接著將左右展開的股關節接合回中央，前方裙甲回歸標準位置並鎖定，再展開側方裝甲，變形就完成了。

& DOCKING SYSTEM

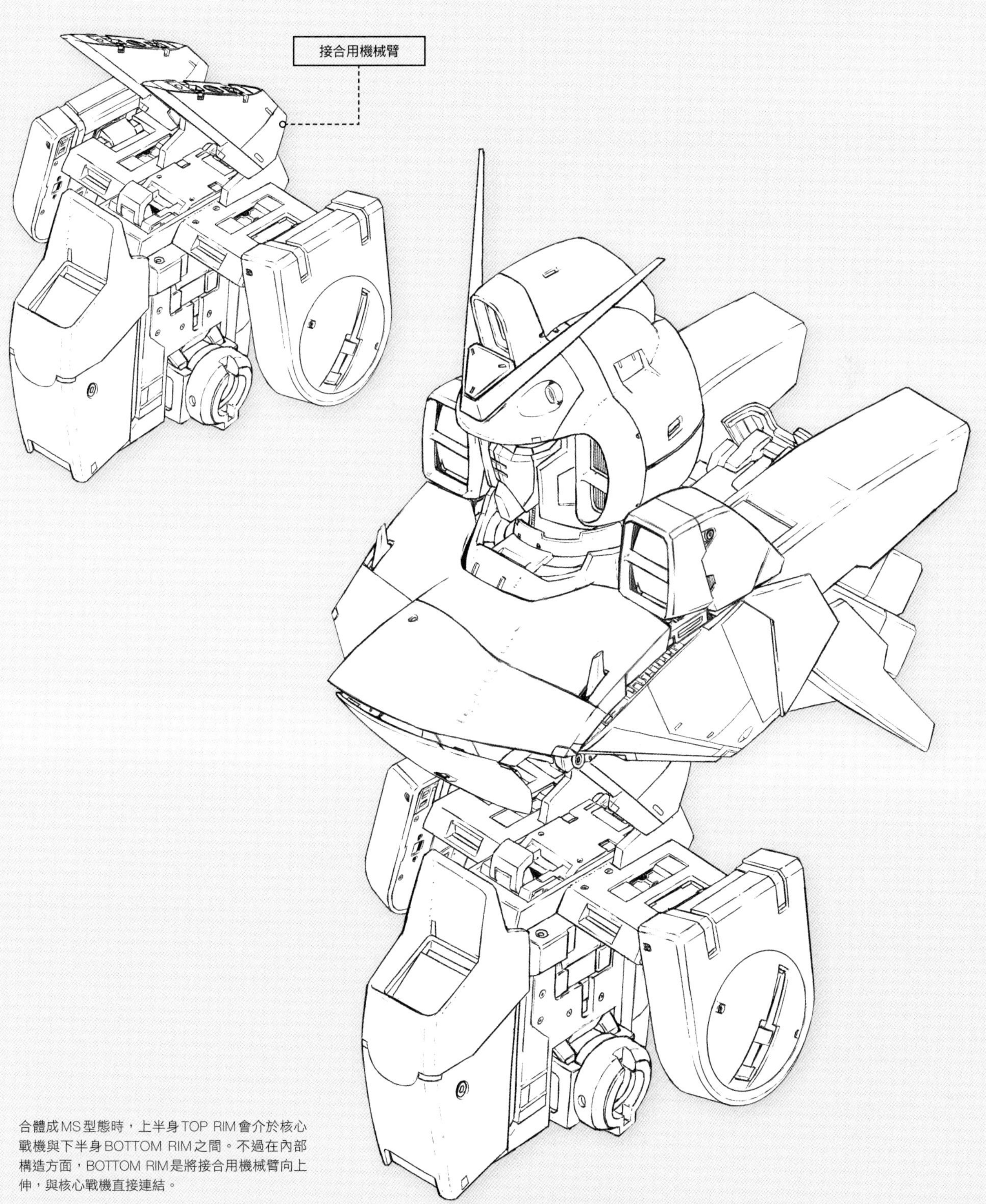

合體成MS型態時，上半身TOP RIM會介於核心戰機與下半身BOTTOM RIM之間。不過在內部構造方面，BOTTOM RIM是將接合用機械臂向上伸，與核心戰機直接連結。

WEAPONS

武裝

既往的MS會因應作戰內容更換各類裝備或武器的搭載模式，想藉此獲得廣範圍的任務適應性，而V鋼彈則是在機體本身就導入了模組概念，期望可實現多用途「合體變形式MS」的概念。神聖軍事同盟對於V鋼彈的專用武器，至少在初期是無法充分供給，要到HEXA實戰配備時才總算有辦法提供光束加農砲或SD-VB03A「懸掛背包」等新開發武裝。

在新武裝開發完成前的大部分武器，好比光束步槍等等，都是沿用自其他舊有機體。就連四連裝飛彈艙這類武裝，應該也不是專為V鋼彈所準備（似乎前線也會讓機體運用拋棄式火箭砲或五連格林機槍，但都是以射完即丟為前提配置）。之所以能因時制宜運用這些武裝並打出一定戰果，全要歸功於V鋼彈本身的設計採用了可分批交換或擴充已投入模組的系統。

以下將針對V鋼彈較具代表性的武裝與選配兵裝，稍作介紹。

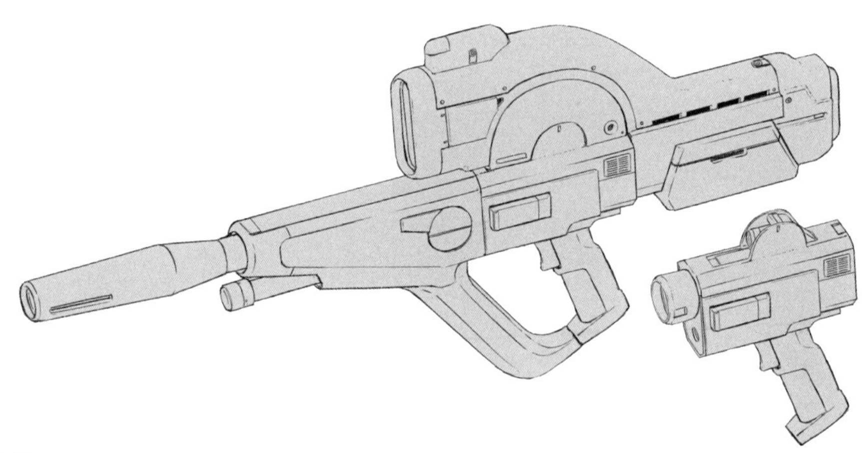

■光束步槍

VICTORY型機體與鋼伊吉使用共通的光束步槍。這是一種以小型光束手槍為核心，連結增強出力砲管、多重瞄準鏡、能源元件後，作為光束步槍運用的系統型武器。

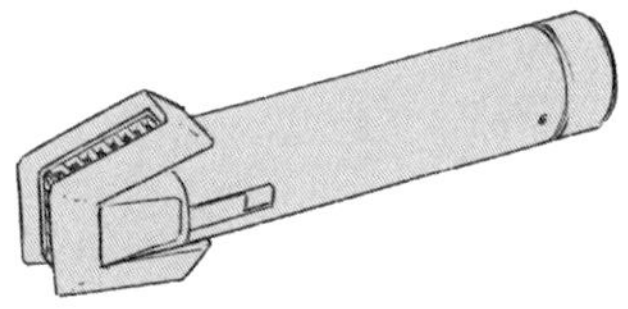

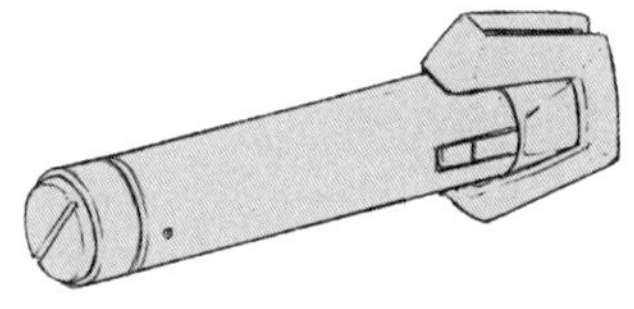

■光束軍刀

近戰格鬥武裝。左右手肘處各收納兩把，除了光束軍刀原本的用途外，內藏的I力場發生器還可轉用於展開光束護盾上（光束護盾另待他項詳述）。

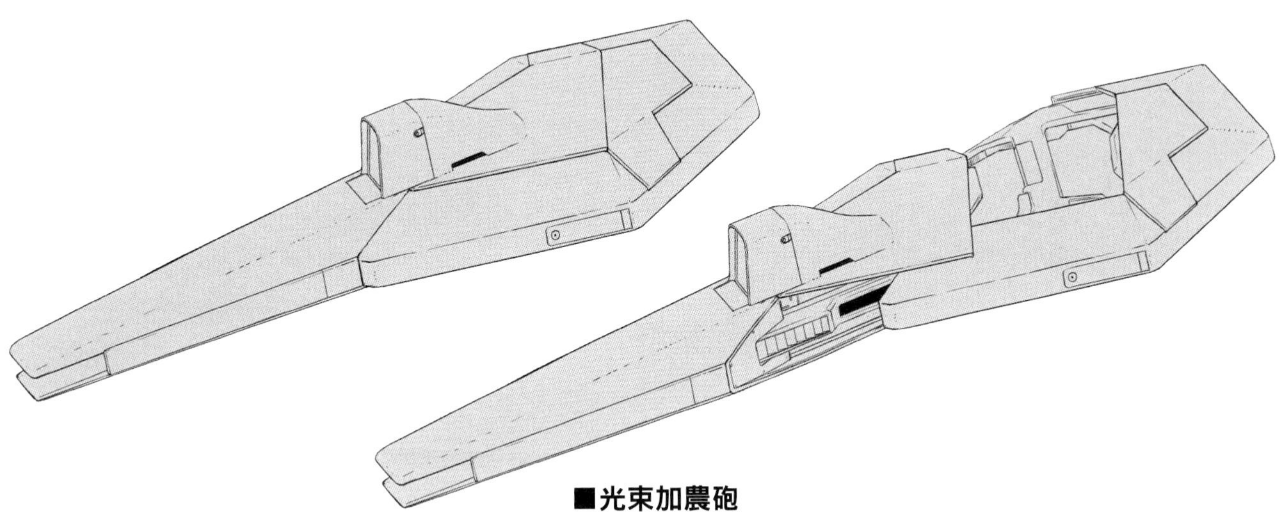

■光束加農砲

裝配於硬點上的選配光束兵器。與堪稱V鋼彈起源的F91也使用過的V.S.B.R.（Variable Speed Beam Rifle）屬同系統。使用時基座會展開，由MS的機械手掌控制瞄準。與HEXA在同時期於實戰配備。

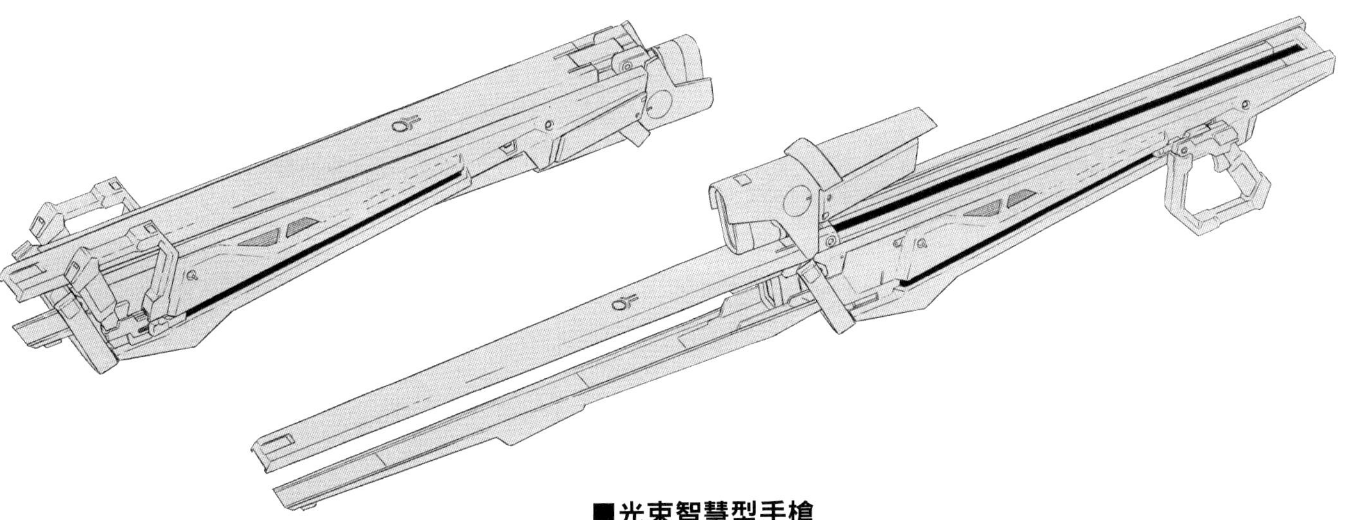

■光束智慧型手槍

高出力型的光束兵裝。原本並非V鋼彈專用的兵裝，而是沿用自U.C.0120年代「宇宙巴比倫建國戰爭」時期的遺物。構造上採展開式砲管進行粒子加速，相較於砲管規模，重量可謂十分輕盈。主要為核心推進機與「V-DASH鋼彈」（分別參照第84頁、第78頁）等機體運用，雖然可以在砲管展開的狀態下射擊，但會受到加速與集束不足的影響而降低威力。

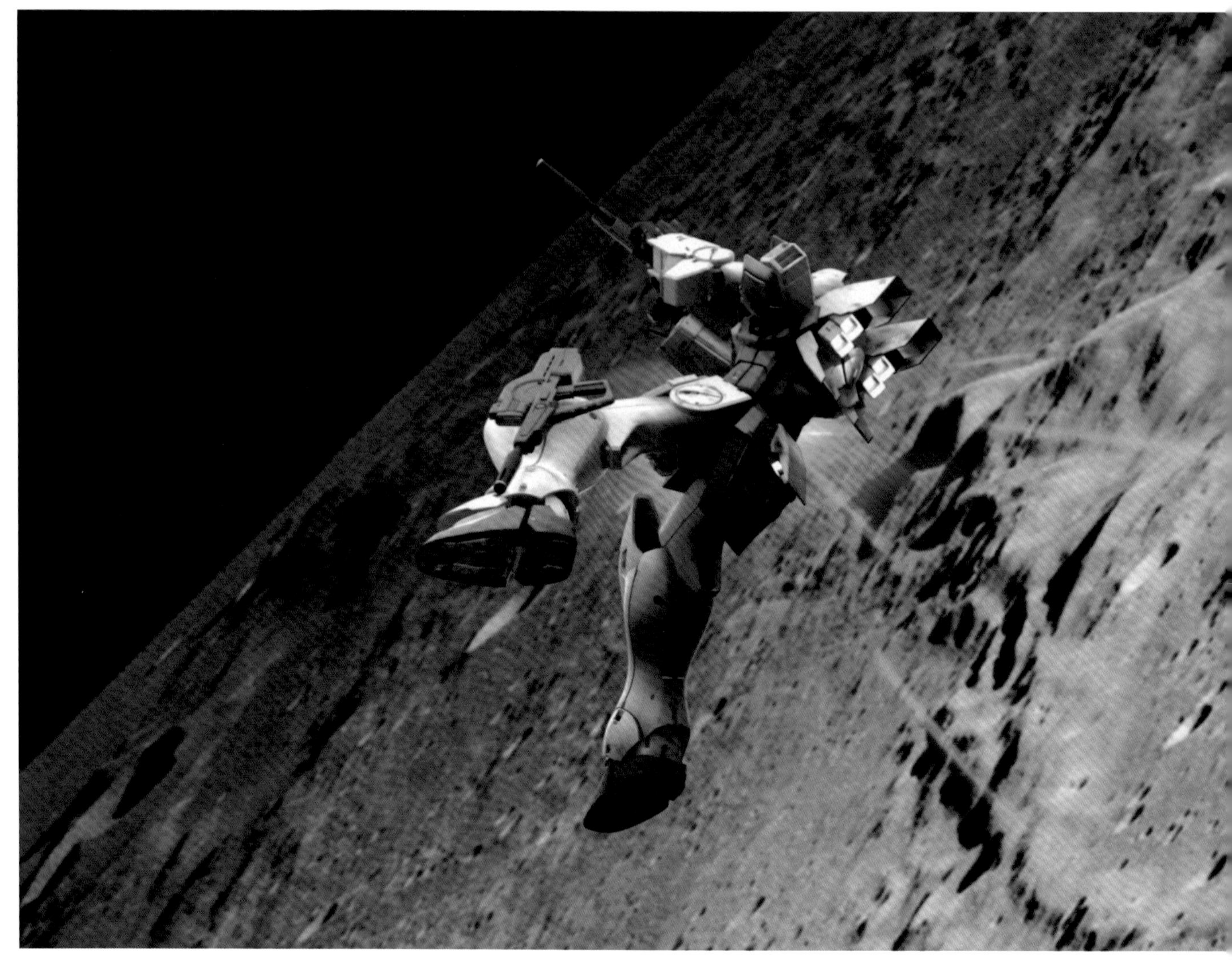

■光束護盾

在贊斯卡爾戰爭期間，無論哪一方勢力，其MS都會搭載光束護盾。除了特殊機體，原則上都是雙手皆可裝備護盾。不過若說到光束發生器，通常就只搭載於左臂，儘管也能夠雙手搭載，但往往受限於發動機出力，難以同時操作左右手。

光束護盾的優點在於不必隨時攜帶實體護盾，畢竟即使輕量化，實體護盾仍是頗占空間。再者便是手臂不會受到物理層面限制而阻礙活動，優點頗多。

V鋼彈系列機體在左右手臂都裝備光束護盾，這是既往小型MS所不具備的特徵。拜此之賜，儘管只有短短的一瞬間，但終究仍實現了左右同時展開光束護盾的構想。

單靠MS機體所供給的能源，原本是難以同時展開左右護盾，必須仰賴額外的能源匣。V鋼彈卻利用肘部可動式收納箱內藏的光束軍刀刀柄，成功滿足這個構想。畢竟光束軍刀與光束護盾在利用I力場控制米諾夫斯基粒子的技術上是共通的，只要將光束軍刀的光束發生器部分向外轉90度，再使用刀柄內部能源匣所蓄積的能源產生I力場，接著將兩把軍刀刀柄的出力各自往機體的上下方向調整，就可順利展開縱長

六角形的光束護盾了。

雖然光束護盾只能維持24秒左右，不過通常情況下要超過這段時限的戰鬥案例也很稀少，因此在實用面似乎不構成影響。另外，TOP RIM在飛行狀態時，肘部的收納箱會朝向前方，飛行途中若遇緊急狀況仍可展開光束護盾。再者，當機體以機械手掌握取刀柄戰鬥時，也能夠在緊急狀況下將光束軍刀刀身切換為光束護盾，以供防禦。

而在系統層面上，若光束軍刀出現損耗或狀況不佳時，也只需要更換裝備即可。只要預備充足，下次出擊前便能確實回復機能，優點相當多。

至於缺點，由於是沿用光束軍刀的機能，所以當軍刀作為武器使用時，便可能無法展開光束護盾。為解決這個問題，開發小組打造了他種式樣的收納箱，只留下一把武器用途（也是原始用途）的光束軍刀，撤除另一把軍刀，多出來的空間則設置專用的光束護盾發生器，其展開護盾的能力相當於兩份能源匣。這種收納箱可維持護盾的時間似乎更短，大約只在10秒上下，但在使用光束軍刀時也能隨時展開光束護盾，因此選擇這種式樣的駕駛員據說不在少數。

V-DASH GUNDAM

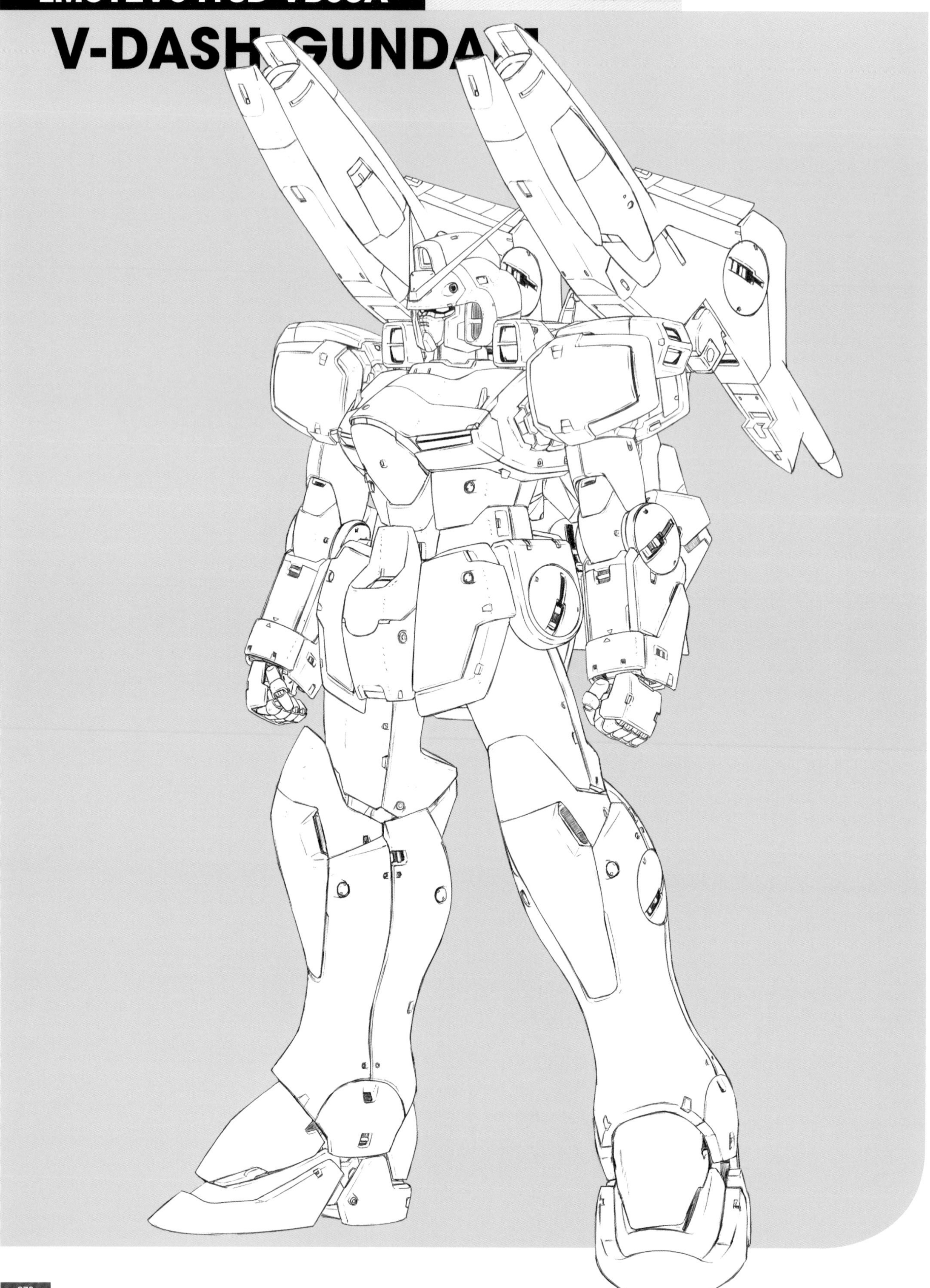

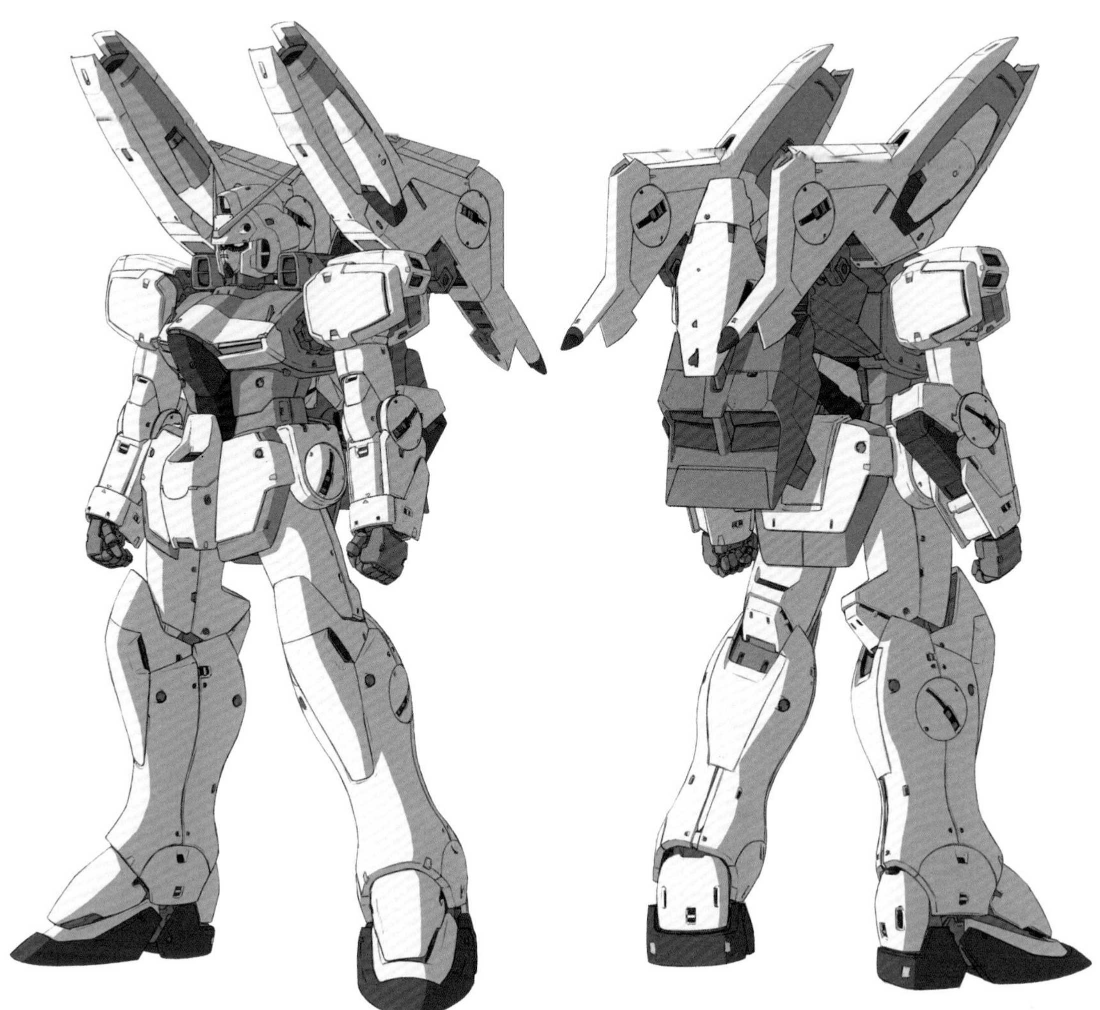

V鋼彈與SD-VB03A「懸掛背包」接合的型態，就稱為「V-DASH鋼彈」。

■V-DASH鋼彈

SD-VB03A是以背包的形式裝備在V鋼彈的背後。構造上，SD-VB03A區分為中央、核心戰機連接處與噴射元件，以及兩側的懸掛加農砲。合體時，懸掛加農砲會轉向前上方作為砲塔。不過要保持在與核心戰機接合的狀態直接變形，並與鞋子合體成MS狀態的「V-DASH鋼彈」也是有可能的。

懸掛加農砲的砲管裝有外露的能源艙，內藏的米諾夫斯基粒子發生器即為能量發生源。設計上除作為光束砲塔運用之外，還可同時作為輔助駕馭姿勢用的米諾夫斯基飛行器噴射口動作。懸掛加農砲本身為I力場發生器，核心推進機狀態下，米諾夫斯基粒子乃於核心戰機進行第一次加速，懸掛加農砲只對粒子進行再加速，並將之噴射於外，作為推進器運用。懸掛加農砲要作為武裝使用時，能源艙會收納至砲管膛室內，透過I力場壓縮並縮退米諾夫斯基粒子發生器所產生的粒子，並將其收束釋放（使用與光束步槍等兵器相同的技術）。

下方的噴射元件同樣設置硬點，且硬點包覆固定選配兵裝的鎖架以及控制用插座等裝置，因此勢必得強化構造，自然會占據一定的體積。噴射元件內之所以能騰出這些容積，主要歸功於米諾夫斯基飛行器的系統小巧緊緻才是。

SD-VB03A於背面上方覆蓋白色兜帽的元件也內藏了米諾夫斯基飛行器，此部分的推力除用在駕馭姿勢及輔助機動外，還可運用於抑制懸掛加農砲發射時的反動等方面。

LM312V04+SD-VB03A

V-DASH 鋼彈

V-DASH GUNDAM

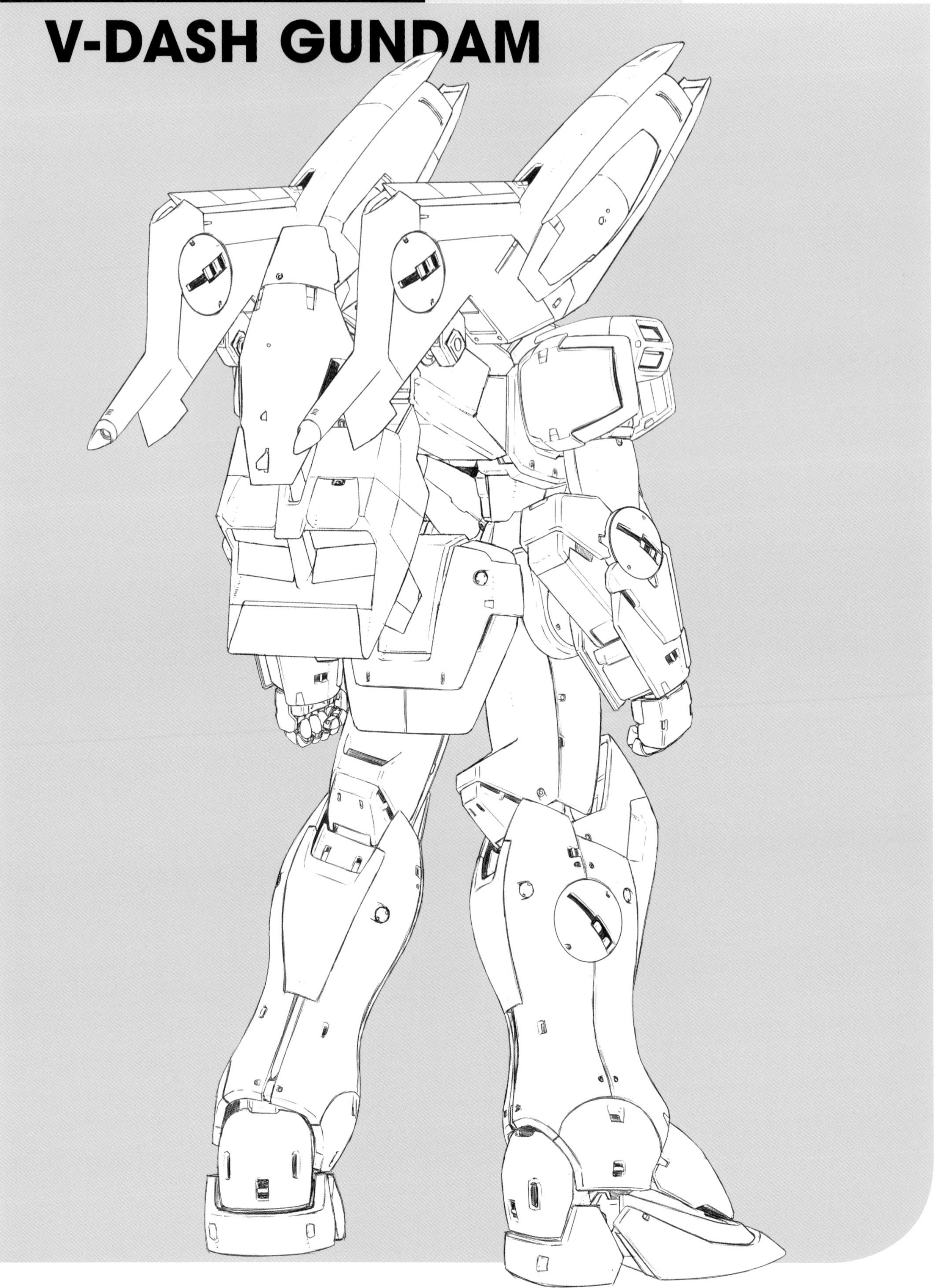

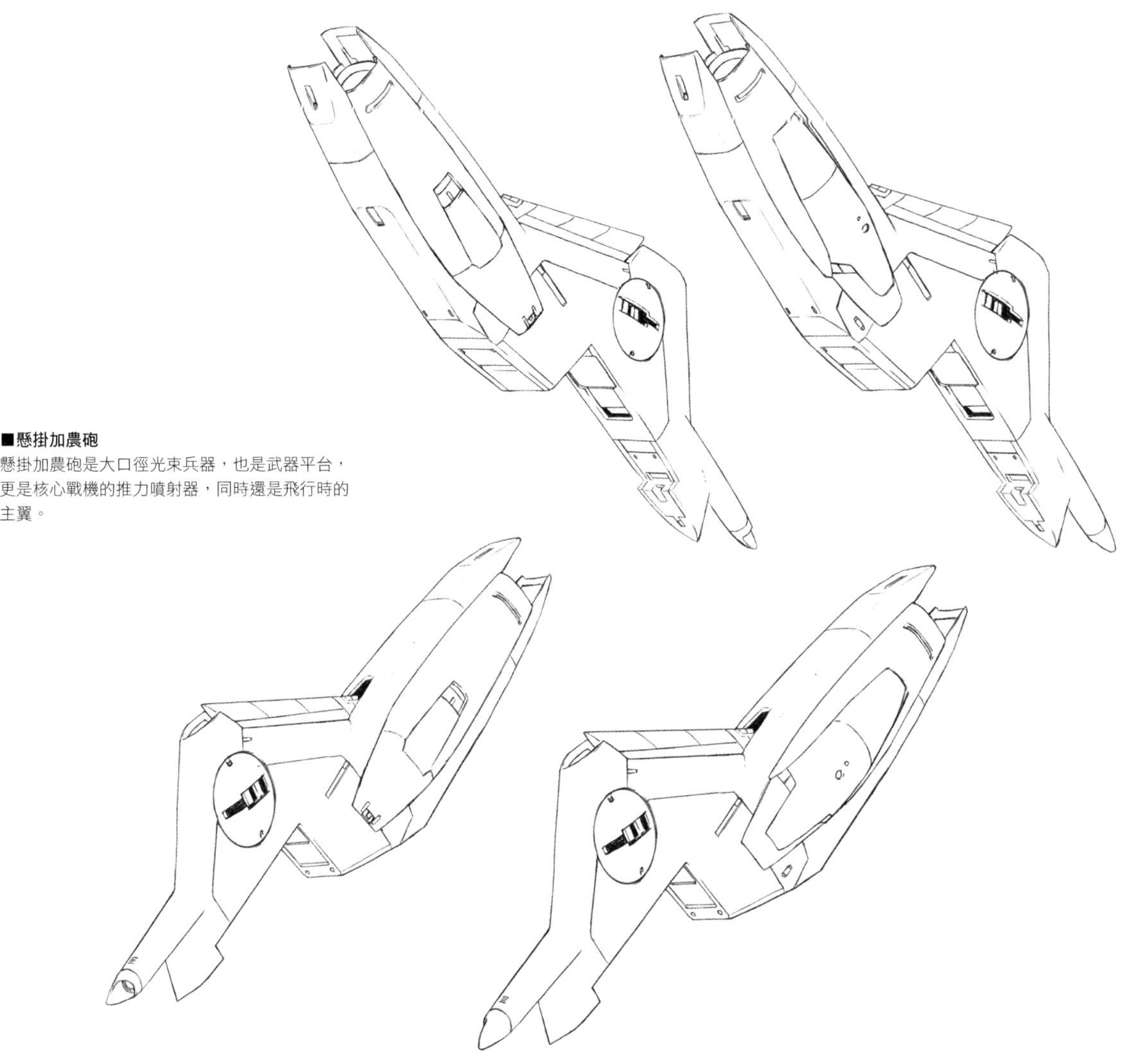

■懸掛加農砲
懸掛加農砲是大口徑光束兵器，也是武器平台，更是核心戰機的推力噴射器，同時還是飛行時的主翼。

■SD-VB03A〈懸掛背包〉

本裝置的開發目的是延長續航距離及增強火力，是專為VICTORY型機體開發的輔助裝置。在MS型態下裝備於背面，內容除了低出力的輔助發電機與輔助噴射器之外，還備有兩門名為「懸掛加農砲」的大口徑V.S.B.R.※與兩門格林機關砲。

這項裝置裝備於LM312V04「VICTORY」型機體身上時，就稱為「V-DASH」或「V-DASH鋼彈」。但其實並不僅限於MS型態，本裝置亦可與核心戰機接合，這種狀態就俗稱「核心推進機」。此外，就連核心戰機與TOP RIM合體成TOP FIGHTER的狀態下，仍可與SD-VB03A接合，因此常被舉為證明VICTORY型機體運用上彈性十足的優良範例。

值得一提的是，懸掛加農砲還可以個別自背包卸除，作為手持式兵裝運用。另外也有「鋼伊吉」型機體，可直接將本裝置在完整手持的狀態下實行射擊的案例。

※V.S.B.R.是可變速光束步槍（Variable Speed Beam Rifle）的簡稱，是一種於U.C.0120年代實用化的光束兵器。特徵是可自由調節帶電粒子的射出速度與收束率，可分別擊發各種不同性質的光束彈，好比提升貫通力的特化高速彈、破壞力優越的低速彈，或是低收束率的擴散彈等等。

LM312V04+SD-VB03A

V-DASH 鋼彈

V-DASH GUNDAM

■V-DASH鋼彈

右圖機體為曾有軌道上目擊情報的「V-DASH鋼彈」。雖然詳細不明，但研判V鋼彈本身是月面工廠生產的機體。

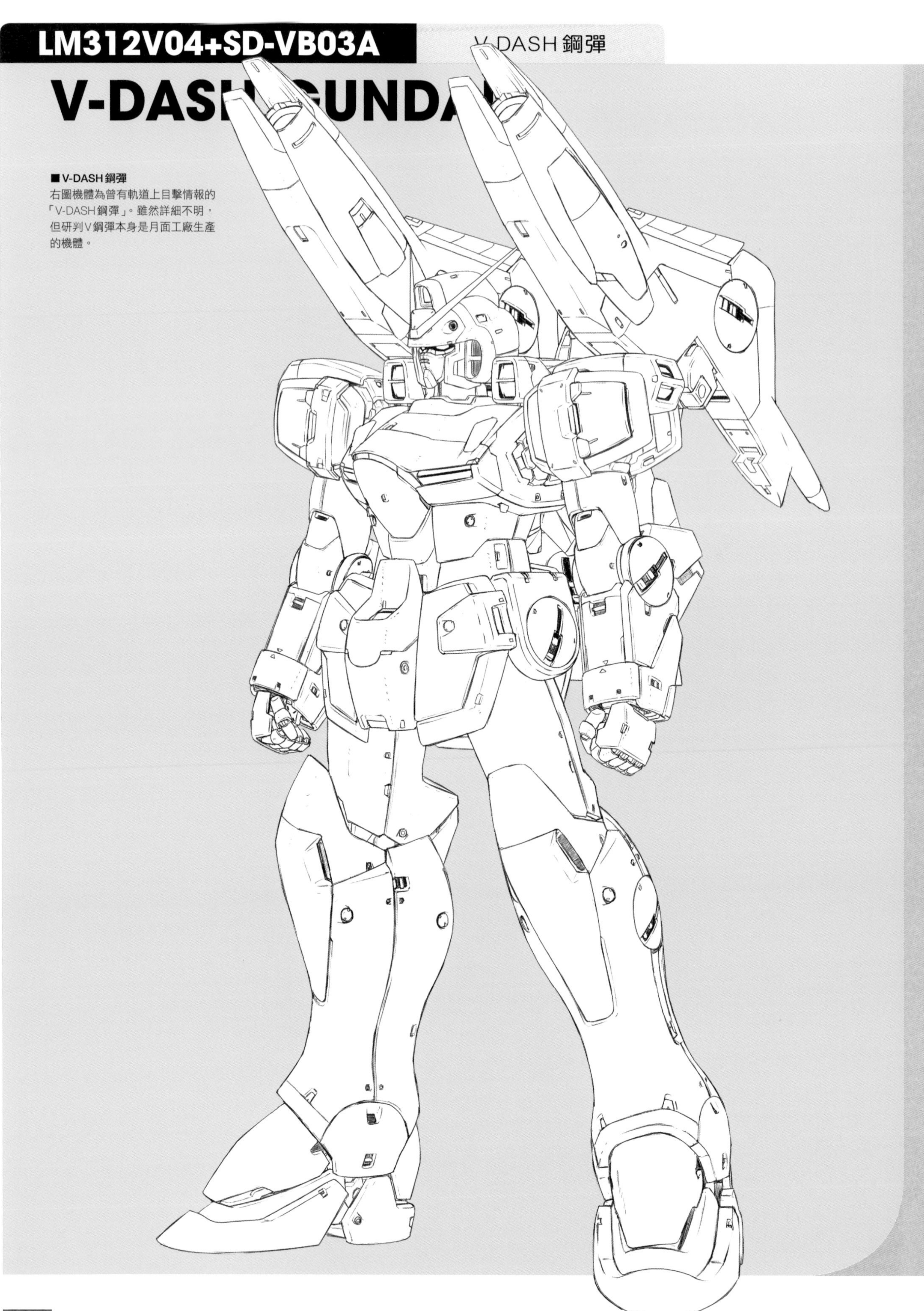

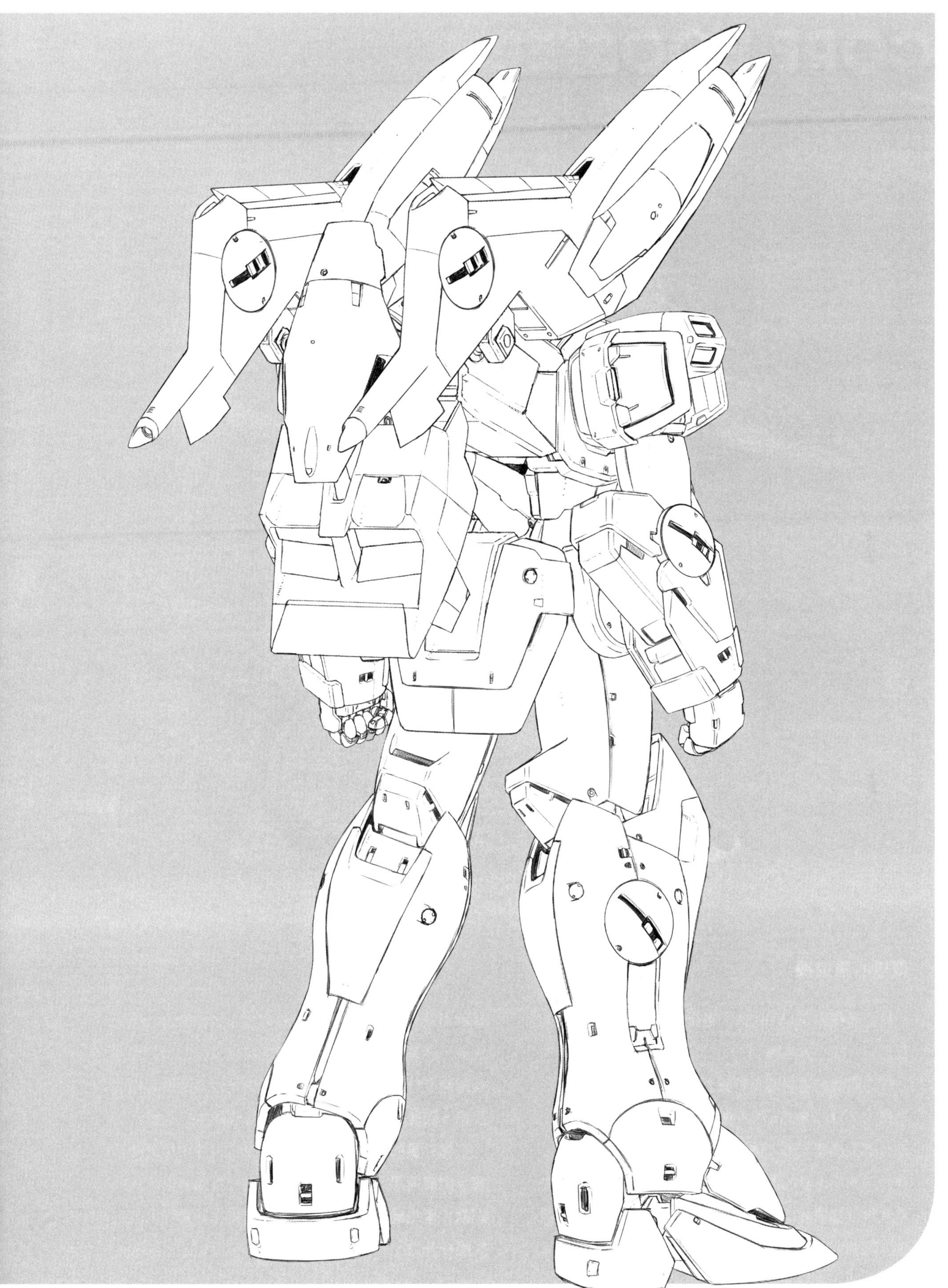

核心推進機

CORE BOOSTER

【機體規格】
全長：8.6m
發動機出力：4,780kW
推進器推力：7,390kg×2
武裝：巴爾幹砲×2

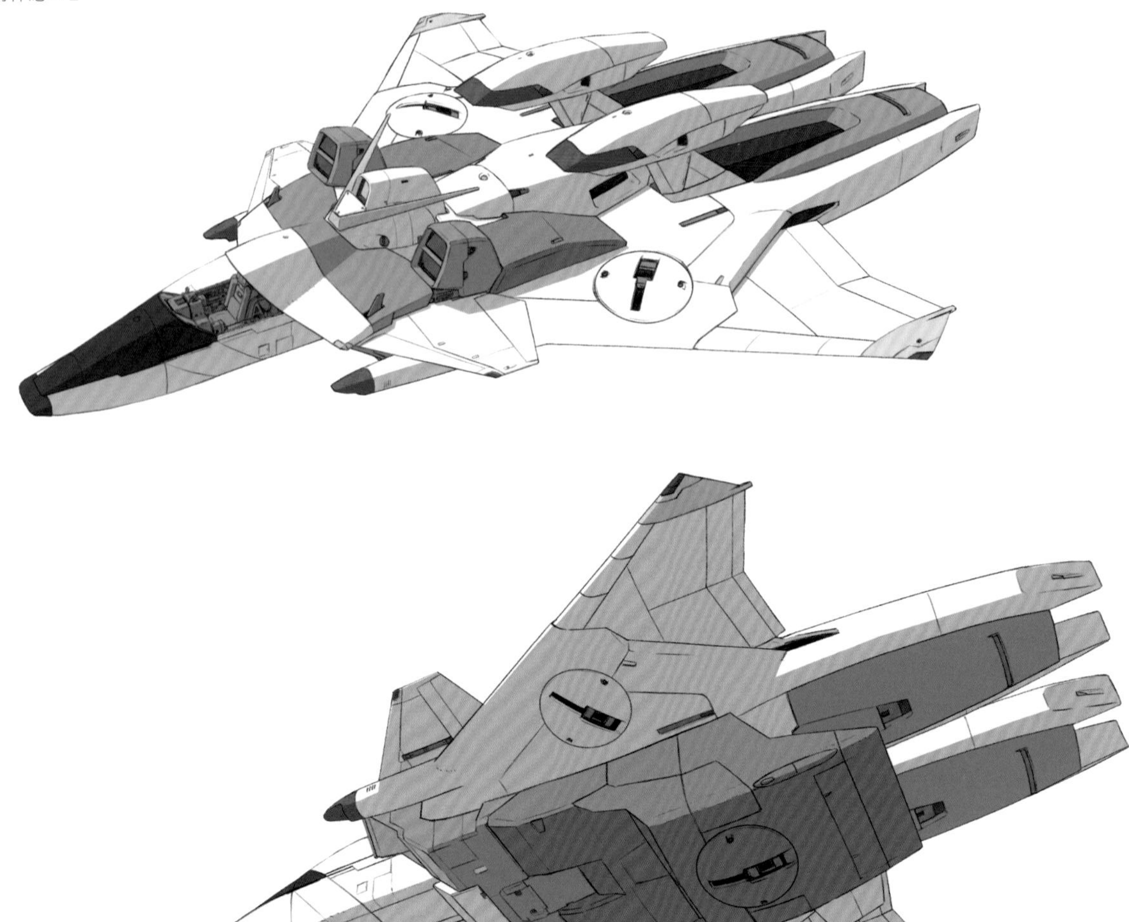

■核心推進機

核心戰機與SD-VB03A「懸掛背包」合體後的型態就稱為「核心推進機」。

核心戰機在噴射時是將離子化的米諾夫斯基粒子作為推力，SD-VB03A所內藏的機構會將這些粒子的一部分經由機體下方，傳送至推進器元件進行再加速，藉此增強推進器的原始推力。其餘核心戰機的米諾夫斯基飛行器噴射口則各自將推力運用於操控機體的翻滾／仰俯／偏擺。另外，SD-VB03A的主翼具備高空氣動力效果，合體時雖無法發揮核心戰機特有的機動性能，作為航空機的能力卻能因此提升。由於可自翼面得到充分的升力，無須為了令機體浮遊而消耗推力能源，因此速度與續航距離皆獲得飛躍性的成長。

主翼外翼的內外兩側皆具備動翼，可分別作為襟副翼及副翼運用。外翼前緣與內翼的分界處會形成前緣鋸齒，產生渦流，藉以防止上側氣流流至翼端，有助於提升升力。

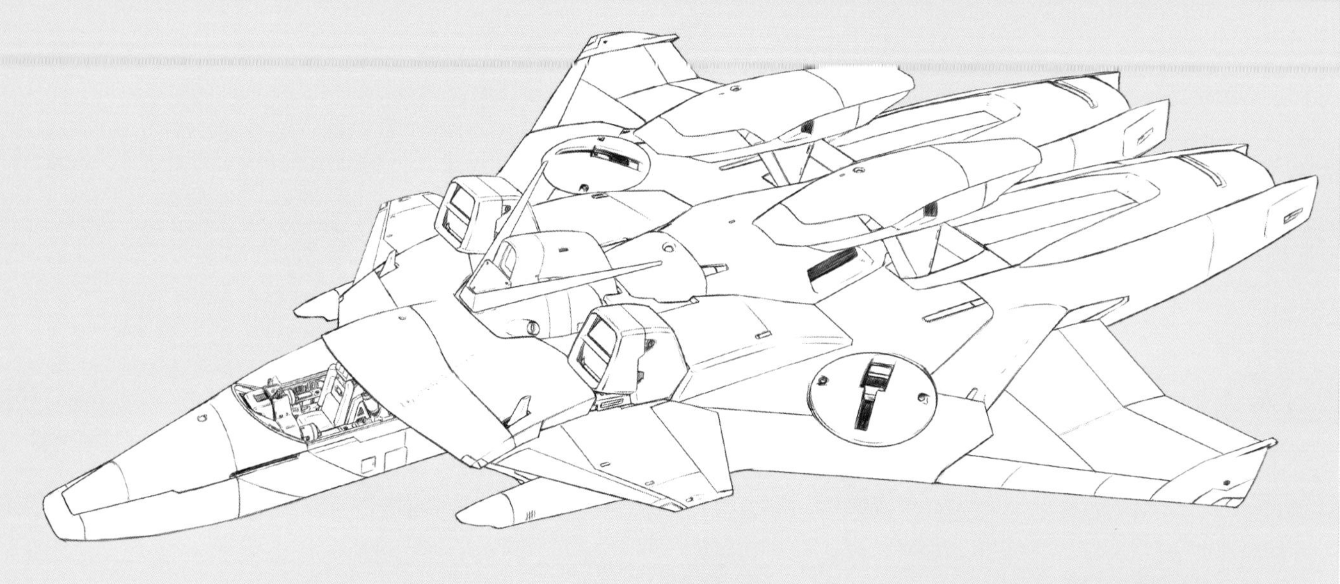

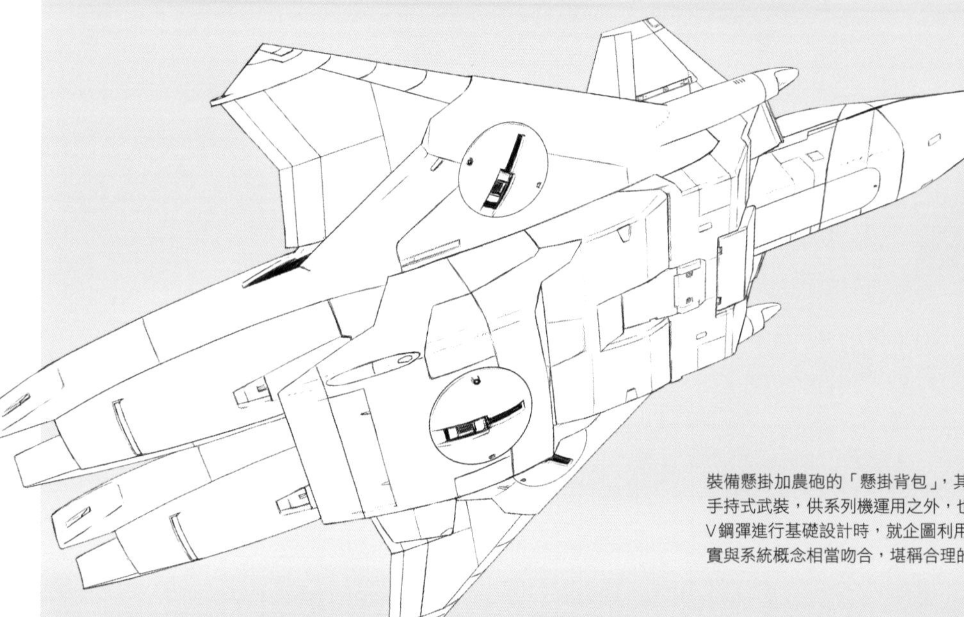

裝備懸掛加農砲的「懸掛背包」，其價值不僅止於V鋼彈的選配裝備。除了能作為手持式武裝，供系列機運用之外，也可以作為核心戰機的強化套件，延伸其能力。V鋼彈進行基礎設計時，就企圖利用模組化構造展開階段性發展，這項強化案也確實與系統概念相當吻合，堪稱合理的設計。

雖然外翼並未設硬點，但內翼的上下兩面皆設有硬點；而且即使搭載各類選配裝備，機體仍能保有充分的餘力飛行。

合體為「核心推進機」型態時，核心戰機的主翼會作為輔助式前翼使用。核心推進機在航空機型的分類上雖屬複合三角翼，但前翼幾乎不具可動空間（合體時在配置上也幾乎不使動翼動作），對於機動幾乎毫無幫助；反之也不會對飛行的穩定性造成妨礙。

儘管機體本身不具備水平尾翼及垂直尾翼，但SD-VB03A在本體上方突出的艙內設有米諾夫斯基粒子產生器，同時也兼具米諾夫斯基飛行元件之功能，因此可於後方和側面產生推力，輔助機體的駕馭姿勢。艙體在合體成V鋼彈的MS型態時，會收納進懸掛加農砲的砲管內，直接成為米諾夫斯基粒子的供給源。推進器元件與懸掛加農砲所需的電力，都是由專用的副發電機供給。

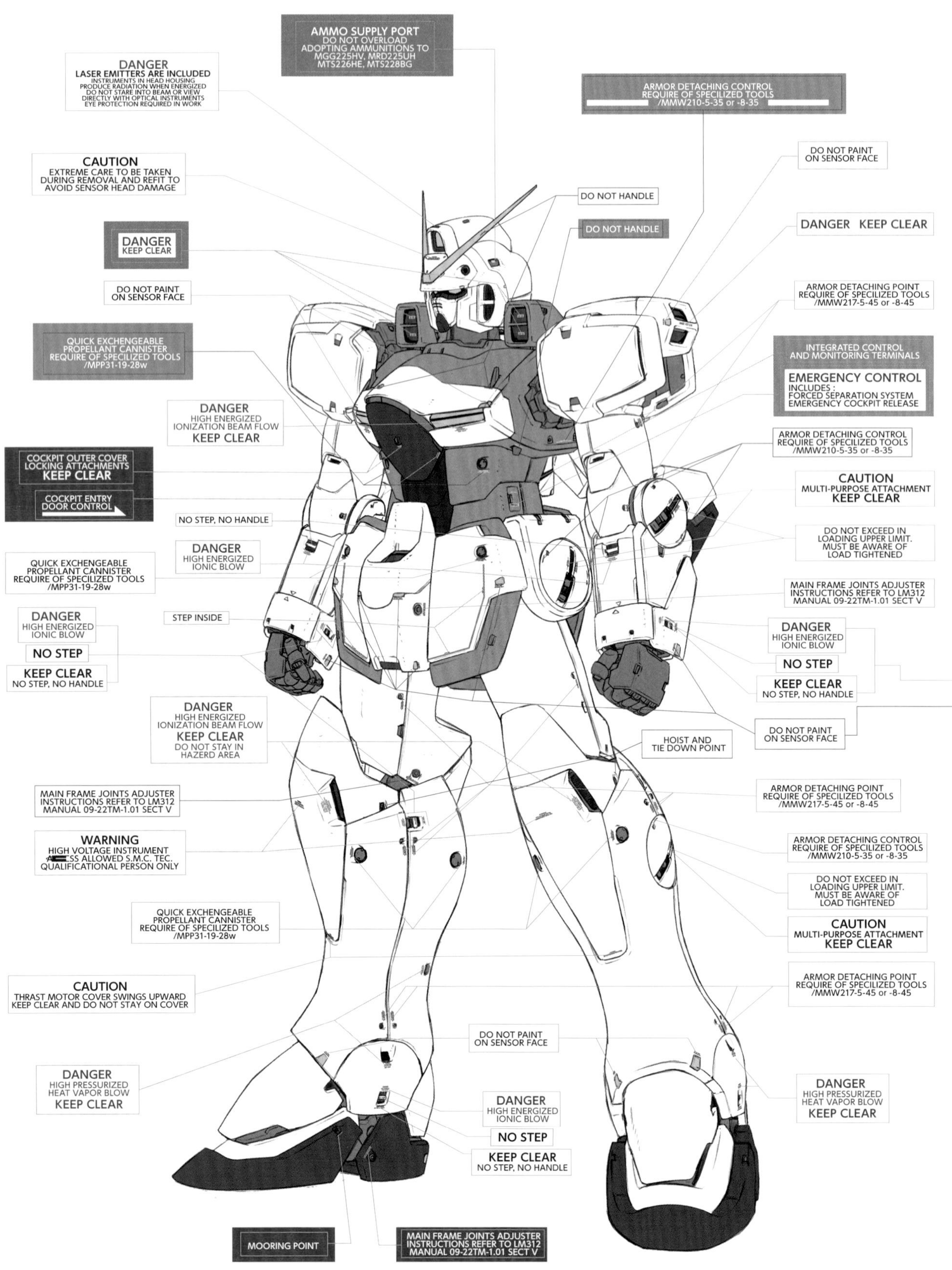
AMMO SUPPLY PORT
DO NOT OVERLOAD
ADOPTING AMMUNITIONS TO
MGG225HV, MRD225UH
MTS226HE, MTS228BG
DANGER
LASER EMITTERS ARE INCLUDED
INSTRUMENTS IN HEAD HOUSING
PRODUCE RADIATION WHEN ENERGIZED
DO NOT STARE INTO BEAM OR VIEW
DIRECTLY WITH OPTICAL INSTRUMENTS
EYE PROTECTION REQUIRED IN WORK
ARMOR DETACHING CONTROL
REQUIRE OF SPECILIZED TOOLS
/MMW210-5-35 or -8-35
DO NOT PAINT
ON SENSOR FACE
CAUTION
EXTREME CARE TO BE TAKEN
DURING REMOVAL AND REFIT TO
AVOID SENSOR HEAD DAMAGE
DO NOT HANDLE
DO NOT HANDLE
DANGER KEEP CLEAR
DANGER
KEEP CLEAR
DO NOT PAINT
ON SENSOR FACE
ARMOR DETACHING POINT
REQUIRE OF SPECILIZED TOOLS
/MMW217-5-45 or -8-45
QUICK EXCHENGEABLE
PROPELLANT CANNISTER
REQUIRE OF SPECILIZED TOOLS
/MPP31-19-28w
INTEGRATED CONTROL
AND MONITORING TERMINALS
EMERGENCY CONTROL
INCLUDES :
FORCED SEPARATION SYSTEM
EMERGENCY COCKPIT RELEASE
DANGER
HIGH ENERGIZED
IONIZATION BEAM FLOW
KEEP CLEAR
ARMOR DETACHING CONTROL
REQUIRE OF SPECILIZED TOOLS
/MMW210-5-35 or -8-35
COCKPIT OUTER COVER
LOCKING ATTACHMENTS
KEEP CLEAR
COCKPIT ENTRY
DOOR CONTROL
CAUTION
MULTI-PURPOSE ATTACHMENT
KEEP CLEAR
NO STEP, NO HANDLE
DO NOT EXCEED IN
LOADING UPPER LIMIT.
MUST BE AWARE OF
LOAD TIGHTENED
DANGER
HIGH ENERGIZED
IONIC BLOW
QUICK EXCHENGEABLE
PROPELLANT CANNISTER
REQUIRE OF SPECILIZED TOOLS
/MPP31-19-28w
MAIN FRAME JOINTS ADJUSTER
INSTRUCTIONS REFER TO LM312
MANUAL 09-22TM-1.01 SECT V
DANGER
HIGH ENERGIZED
IONIC BLOW
STEP INSIDE
DANGER
HIGH ENERGIZED
IONIC BLOW
NO STEP
NO STEP
KEEP CLEAR
NO STEP, NO HANDLE
KEEP CLEAR
NO STEP, NO HANDLE
DANGER
HIGH ENERGIZED
IONIZATION BEAM FLOW
KEEP CLEAR
DO NOT STAY IN
HAZERD AREA
DO NOT PAINT
ON SENSOR FACE
HOIST AND
TIE DOWN POINT
MAIN FRAME JOINTS ADJUSTER
INSTRUCTIONS REFER TO LM312
MANUAL 09-22TM-1.01 SECT V
ARMOR DETACHING POINT
REQUIRE OF SPECILIZED TOOLS
/MMW217-5-45 or -8-45
WARNING
HIGH VOLTAGE INSTRUMENT
SS ALLOWED S.M.C. TEC.
QUALIFICATIONAL PERSON ONLY
ARMOR DETACHING CONTROL
REQUIRE OF SPECILIZED TOOLS
/MMW210-5-35 or -8-35
DO NOT EXCEED IN
LOADING UPPER LIMIT.
MUST BE AWARE OF
LOAD TIGHTENED
QUICK EXCHENGEABLE
PROPELLANT CANNISTER
REQUIRE OF SPECILIZED TOOLS
/MPP31-19-28w
CAUTION
MULTI-PURPOSE ATTACHMENT
KEEP CLEAR
CAUTION
THRAST MOTOR COVER SWINGS UPWARD
KEEP CLEAR AND DO NOT STAY ON COVER
ARMOR DETACHING POINT
REQUIRE OF SPECILIZED TOOLS
/MMW217-5-45 or -8-45
DO NOT PAINT
ON SENSOR FACE
DANGER
HIGH PRESSURIZED
HEAT VAPOR BLOW
KEEP CLEAR
DANGER
HIGH ENERGIZED
IONIC BLOW
NO STEP
KEEP CLEAR
NO STEP, NO HANDLE
DANGER
HIGH PRESSURIZED
HEAT VAPOR BLOW
KEEP CLEAR
MOORING POINT
MAIN FRAME JOINTS ADJUSTER
INSTRUCTIONS REFER TO LM312
MANUAL 09-22TM-1.01 SECT V

CAUTION SIGN

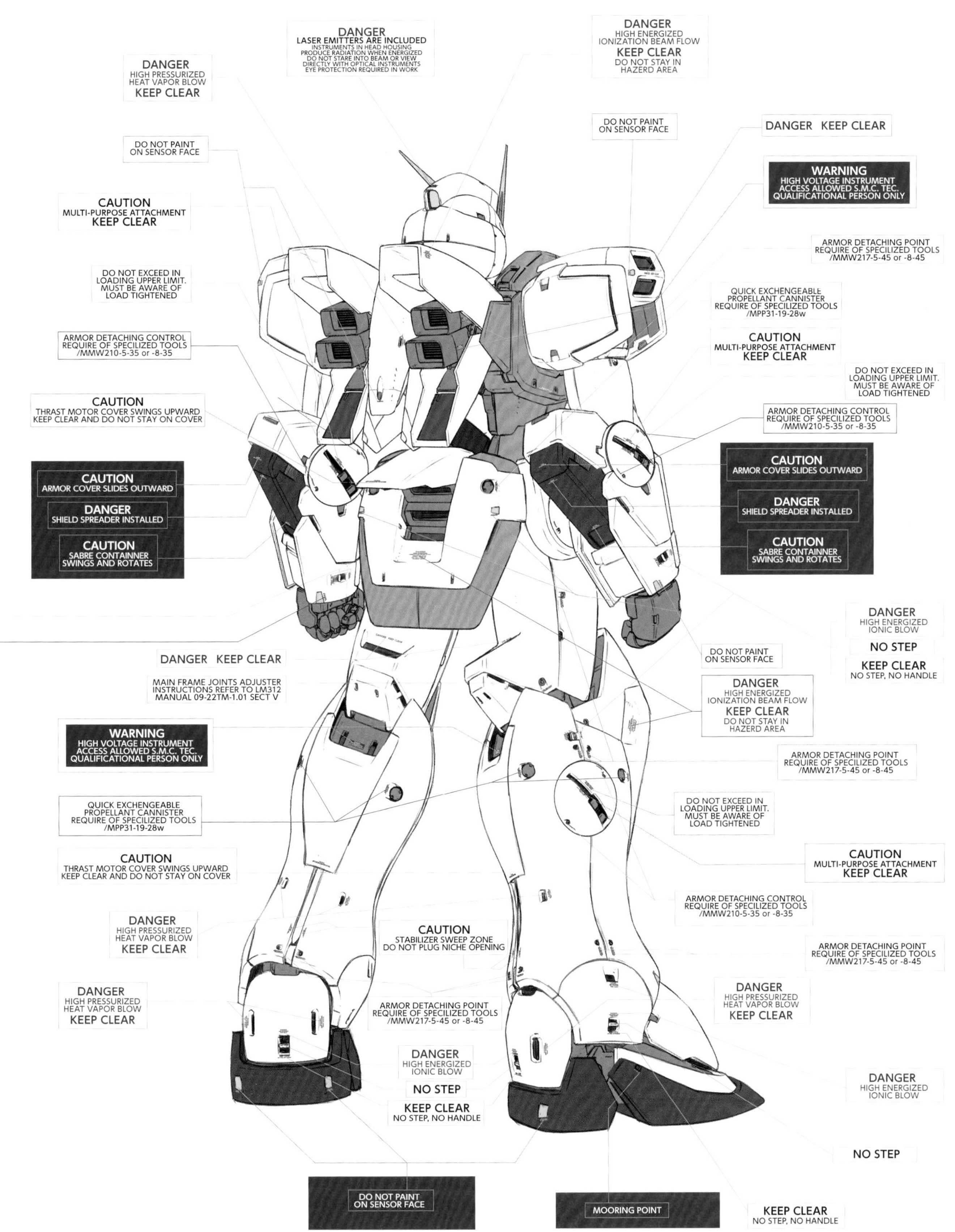

■V鋼彈：訓練機
儲備供機種轉換的訓練用機體。駕駛員當然不在話下，連負責整備的人員都運用這種訓練機進行訓練。複座型機體（後述）同樣也有使用此配色的訓練機存在。

■V鋼彈：迷彩樣式1
在貝斯帕侵攻地球之際，V鋼彈為防衛而於各地交戰。都市防衛作戰展開之際，似乎就有部隊為機體施予這種迷彩樣式。

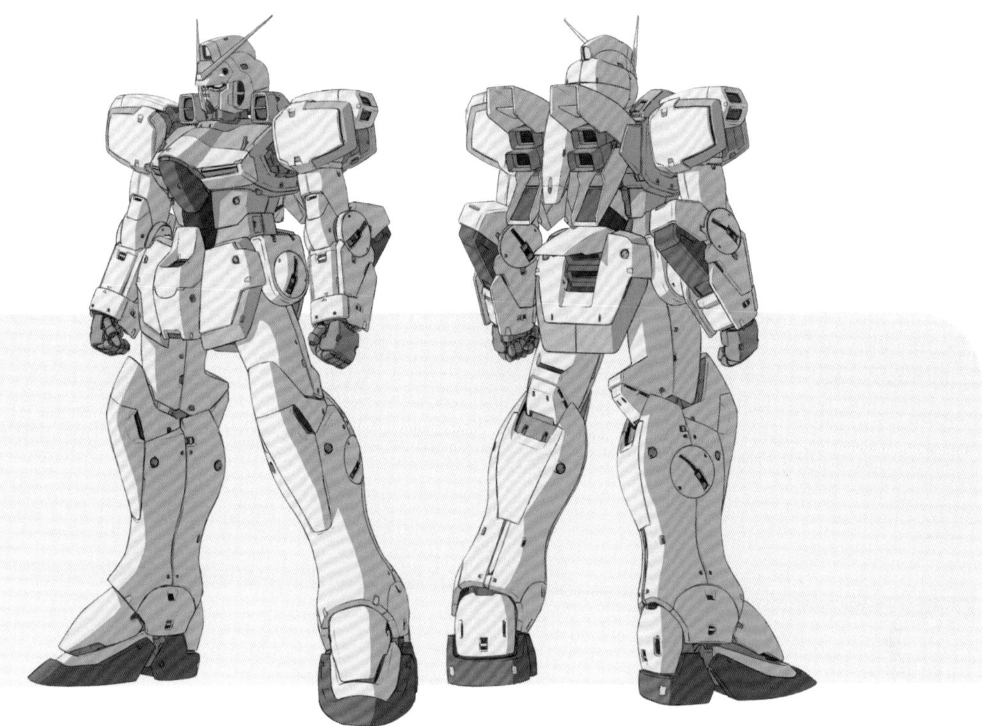

■V鋼彈：迷彩樣式2
不同迷彩樣式的機體。雖然不是特定部隊的配色，但一般認為這是在乾燥地帶環境下參加作戰的部隊採用之迷彩樣式。

■V鋼彈：出廠時
剛出廠不久，研判應尚未塗裝的V鋼彈。各處皆因表面素材的影響，呈現出不同的色澤或質感。

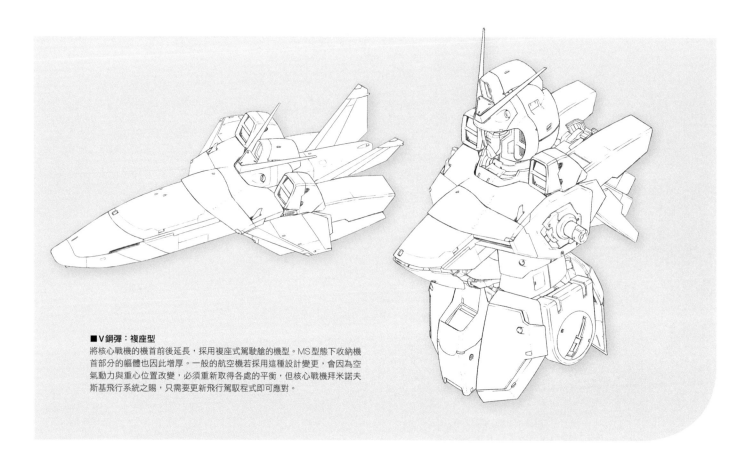

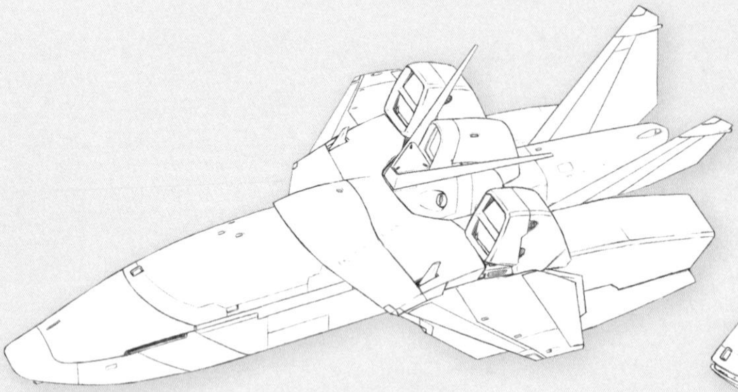

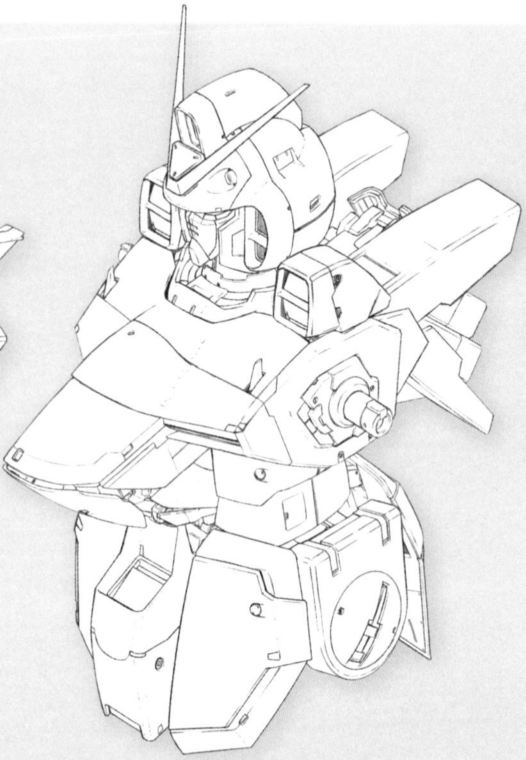

■V鋼彈：複座型
將核心戰機的機首前後延長，採用複座式駕駛艙的機型。MS型態下收納機首部分的軀體也因此增厚。一般的航空機若採用這種設計變更，會因為空氣動力與重心位置改變，必須重新取得各處的平衡，但核心戰機拜米諾夫斯基飛行系統之賜，只需要更新飛行駕馭程式即可應對。

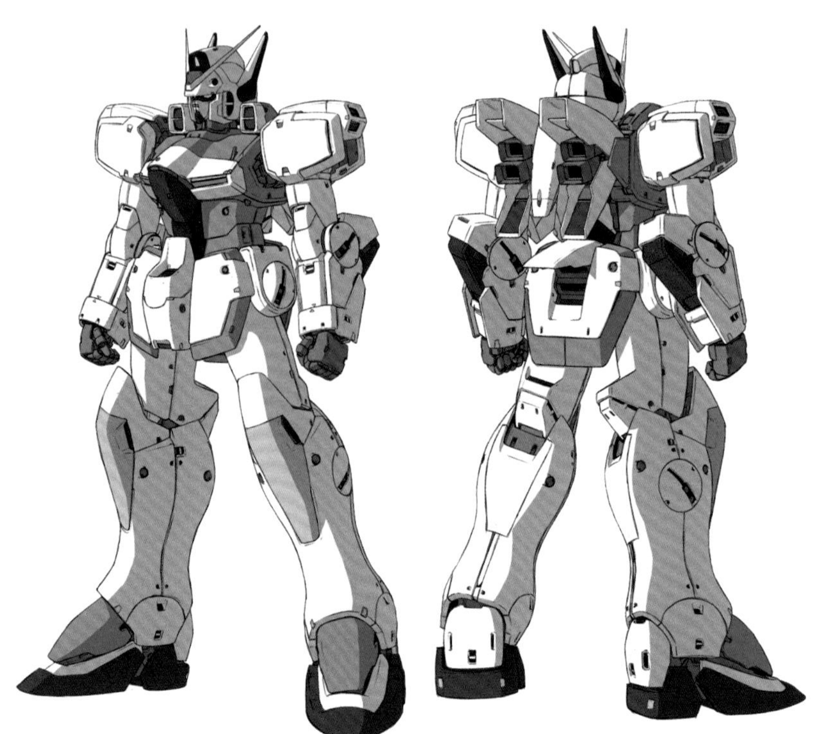

■HEXA：V字型天線機
裝備了象徵「鋼彈」的特徵──V字型天線的HEXA。

V GUNDAM VARIATIONS

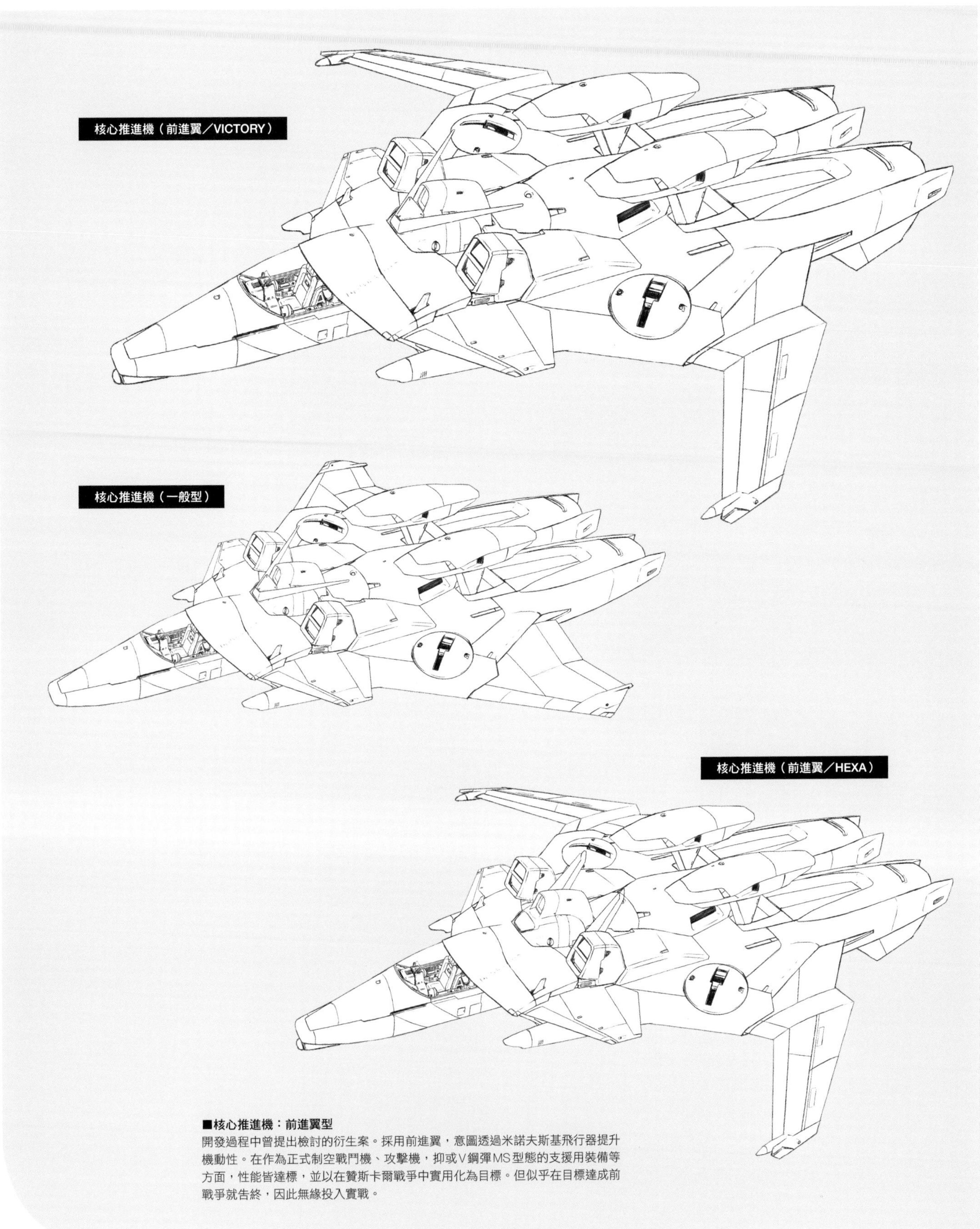

■核心推進機：前進翼型

開發過程中曾提出檢討的衍生案。採用前進翼，意圖透過米諾夫斯基飛行器提升機動性。在作為正式制空戰鬥機、攻擊機，抑或V鋼彈MS型態的支援用裝備等方面，性能皆達標，並以在贊斯卡爾戰爭中實用化為目標。但似乎在目標達成前戰爭就告終，因此無緣投入實戰。

LM111E02

LM111E02〈鋼伊吉〉

GUN EZ

【機體規格】（以初期生產型為準）

頭頂高：14.9m
本體重量：7.8t
全備重量：18.6t
裝甲材質：鋼達尼姆合金超級陶瓷複合材
發動機出力：4,820kW
推進器推力：20,460kg×4
駕馭姿勢用推進器數：29座
武裝：巴爾幹砲×2
光束軍刀
二連多重火箭發射器
光束護盾

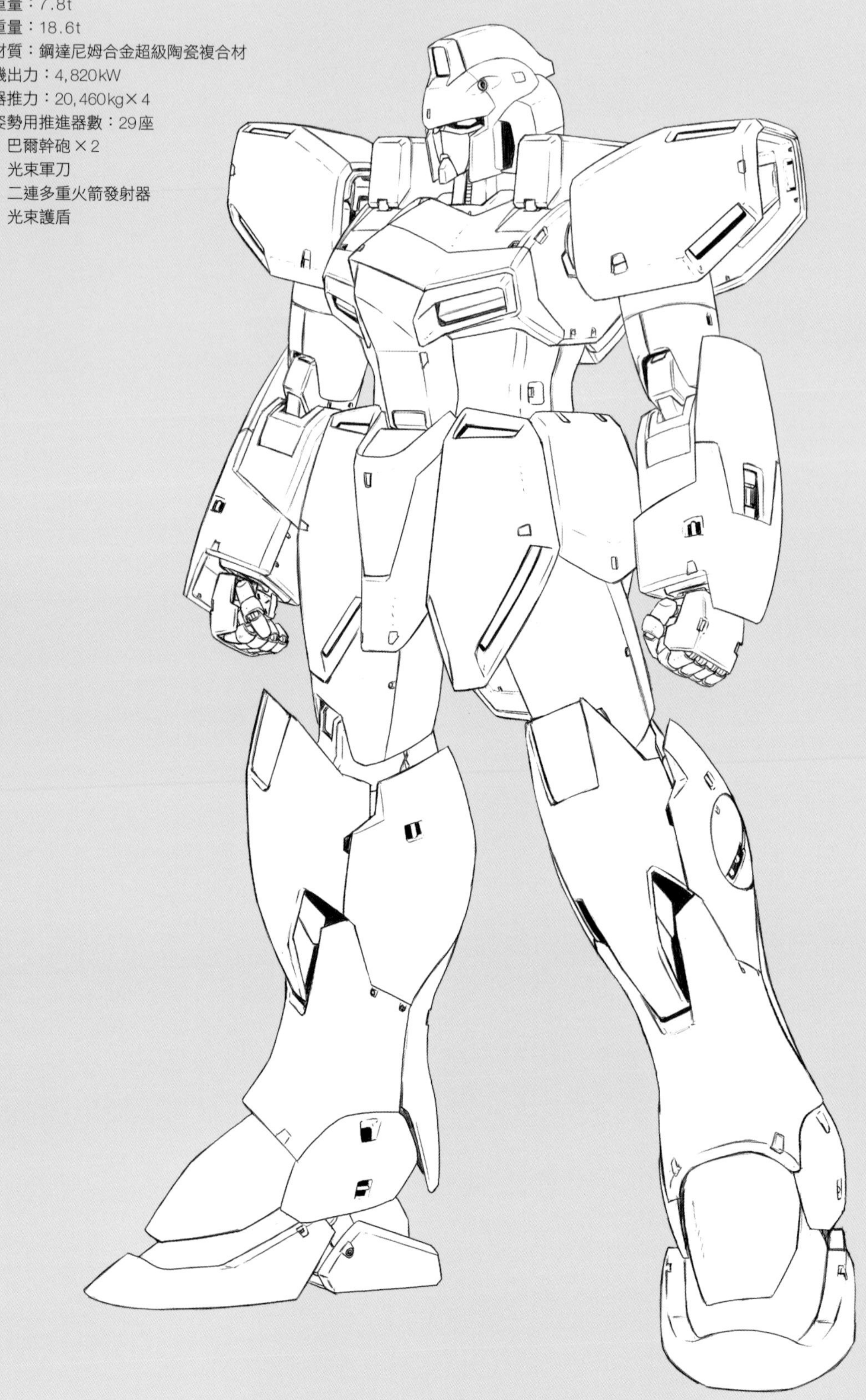

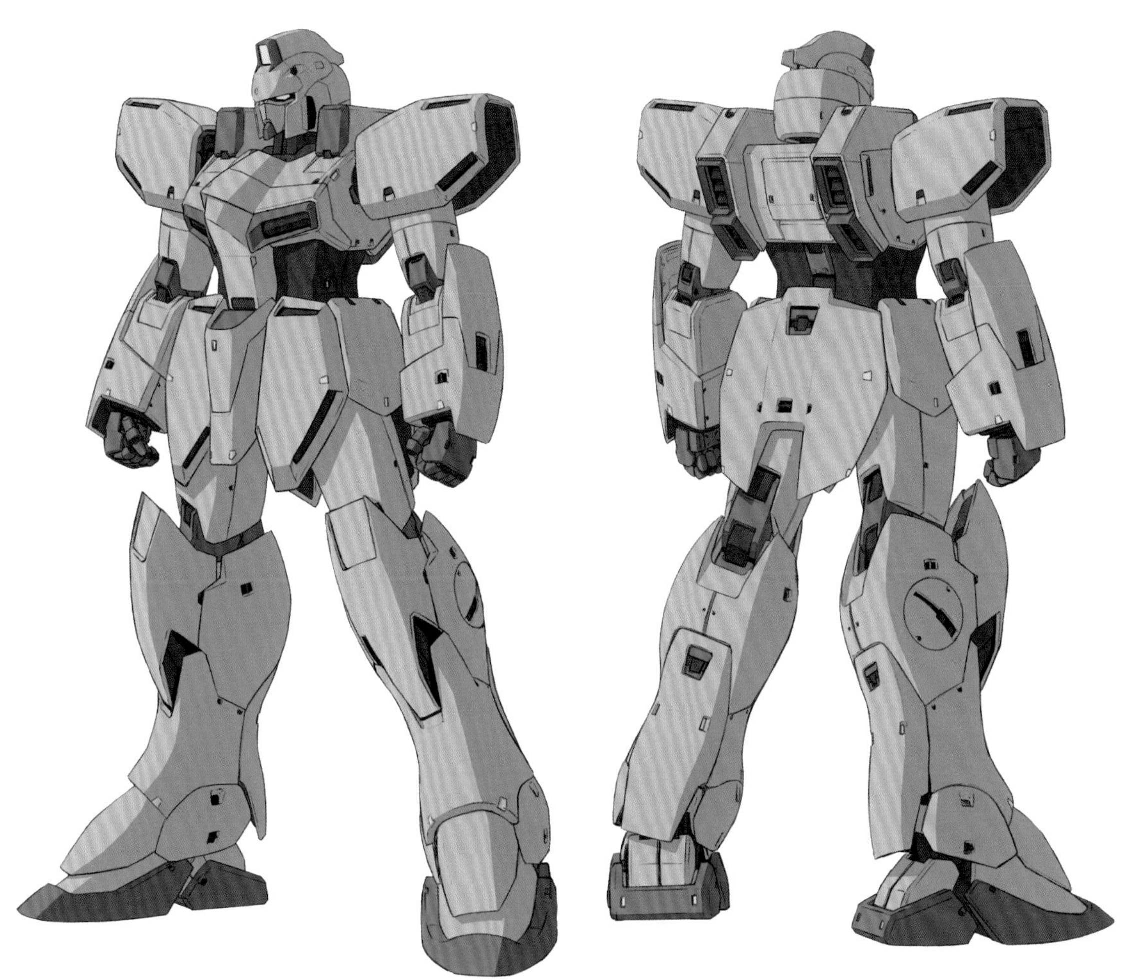

■LM111E02〈鋼伊吉〉

V計畫雖然在極早期階段便以實現合體變形式MS作為主要開發目的，但為了導入極其複雜的變形分離機構，以及採用米諾夫斯基飛行系統這項新技術，無疑將導致開發期間拉長以及製造成本提高，不免令人心存懸念。於是，神聖軍事同盟的高層除了推動V計畫之外，也同步自風險管理的觀點出發，採取先行開發與生產排除變形分離機構之機體的方針。這項方針的產物，就是LM111E02「鋼伊吉」。

形式編號的三位數字代表「模組數量／發電機數量／主推進器系統數量」，這點已於前文提及。以鋼伊吉來說，就是不具備分離機構的單一模組機，且只有一座發電機及一組主要推進系統，此外末尾還以「E」表示機體為「鋼伊吉」型，再透過兩位數數字表示開發的總編號。這裡值得注目的是，本機明明是神聖軍事同盟的首架實戰機，卻編號為「02」這一點。有一說認為，為了避免情報可能洩漏給「貝斯帕」這個有大量同為S.N.R.I.出身者的組織，所以在設計階段就將「E01」的編號抹消，重編開發體制並重新以

LM111E02 LM111E02〈鋼伊吉〉

GUN EZ

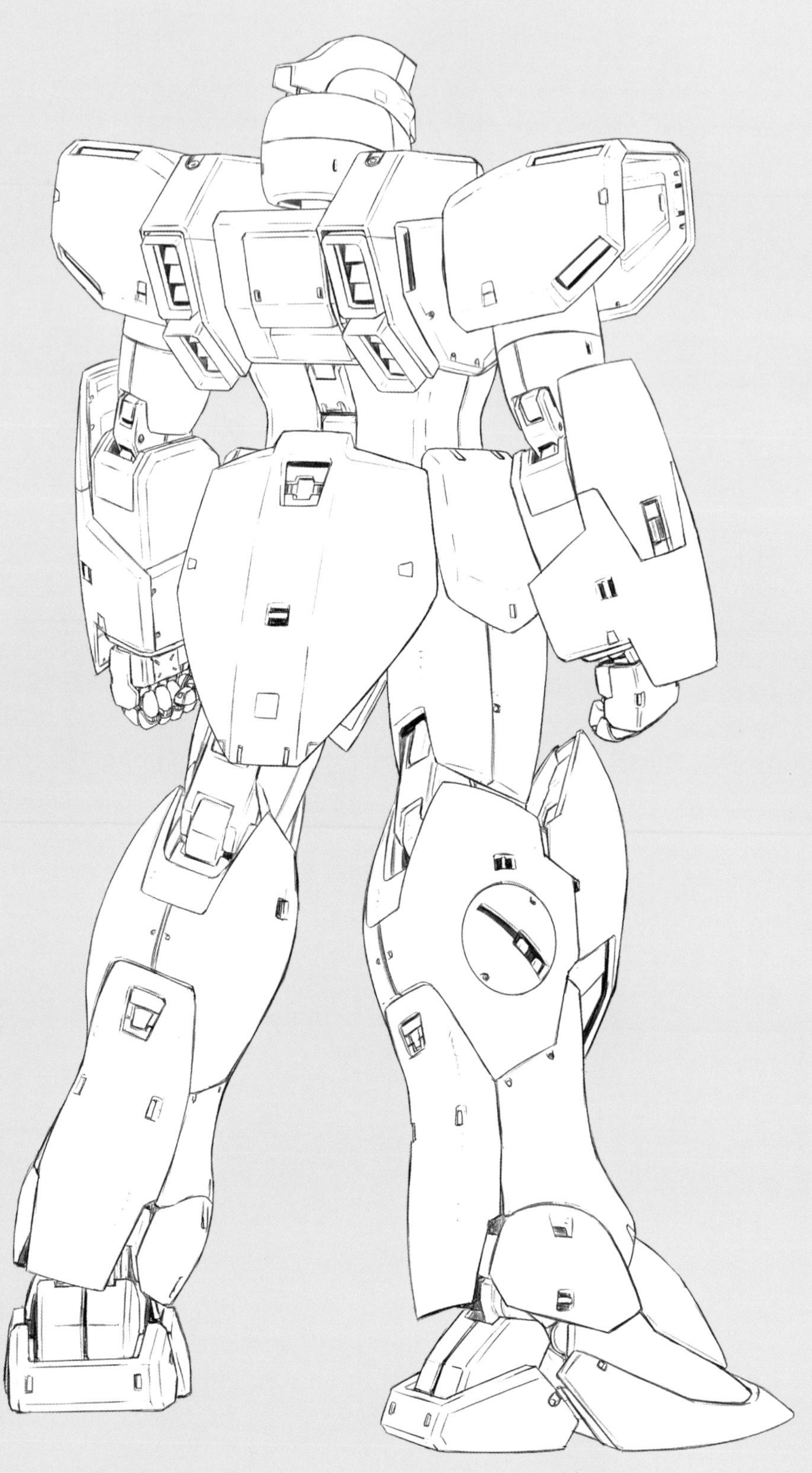

「E02」編號展開計畫。

總而言之，日後成為第一號合體變形式MS的機體是LM312V04「VICTORY」，本機則是自該系列旁分而出的機體。「鋼伊吉」的設計上參考了RGM系量產機、F9系列及F7系列的非可變機※，並採極度從簡的方針進行開發。據說在選定細小零件時，還有刻意顧及生產性與調度難度，積極導入國際規格品。最好的例子就是操縱系統，採用的是RGM-119「傑姆斯鋼」亦搭載的地球聯邦軍取向之標準線性座椅。只不過，從主機採用了VICTORY型取向的高出力發電機等細節看來，本機還是有打算確保能對抗貝斯帕製MS的機體性能。就結果而言，完成品總合規格的性能還在地球聯邦軍主力機的RGM-0122「傑維林」之上。

此外，LM111E02「鋼伊吉」依不同生產時期，共有四大不同式樣存在。最初製造的是俗稱「原型機」的式樣，只在聖約瑟市郊外的工廠生產了兩架。特徵是未實裝固定武裝，據說這兩架機體曾在各類測試中做出不小貢獻。其後所生產的三號～八號機這五架稱為「初期生產型」，頭部裝有兩門巴爾幹砲，左肩部有二連多重火箭發射器，右肩部則有光束軍刀掛架。這些機體都配備給了神聖軍事同盟首支實戰部隊「舒勒隊」，而試坐一號機也在同樣時期改修為初期生產型式樣，與擔任測試駕駛員的裘可・傑寇一同分配至該隊。另一方面，試作二號機似乎是直接留置於工廠，用以測試日後「VICTORY」型取向的各種兵裝。

在更之後則是開始生產調整過後方裙甲外型的「增備型」，在合計第十五號機完成時，又更進一步變更了式樣，這些始自合計第十六號機的機體就是被稱為「後期生產型」的機型。在這個階段，背部裝備了高機動型推進器的LM111E03「鋼普拉斯達」，雖已開始生產，但本機仍持續提供給地球部隊。另外，這些地球配備機中有部分為了防砂及防塵，於通風口或推進器追加散熱片，或是在散熱架上進行特殊處理。這些改修機大多是運用方獨自施加改裝，因此在型式編號上並未有所更動。最好的例子，就是在非洲戰線大放異彩的「藍鳥隊」所屬機。他們塗成鮮豔藍色外表的機體，有些在資料上雖記載為「陸戰型」，但這似乎也只是現地部隊的俗稱而已。

※F9系列、F7系列的非可變機
LM111E02「鋼伊吉」的裝甲形狀與S.N.R.I.製F90IIIY「聚合鋼彈」極為相似，亦有證言指出內部構造的配置參考了F70「加農鋼彈」與F71「G加農」等F7系列機。

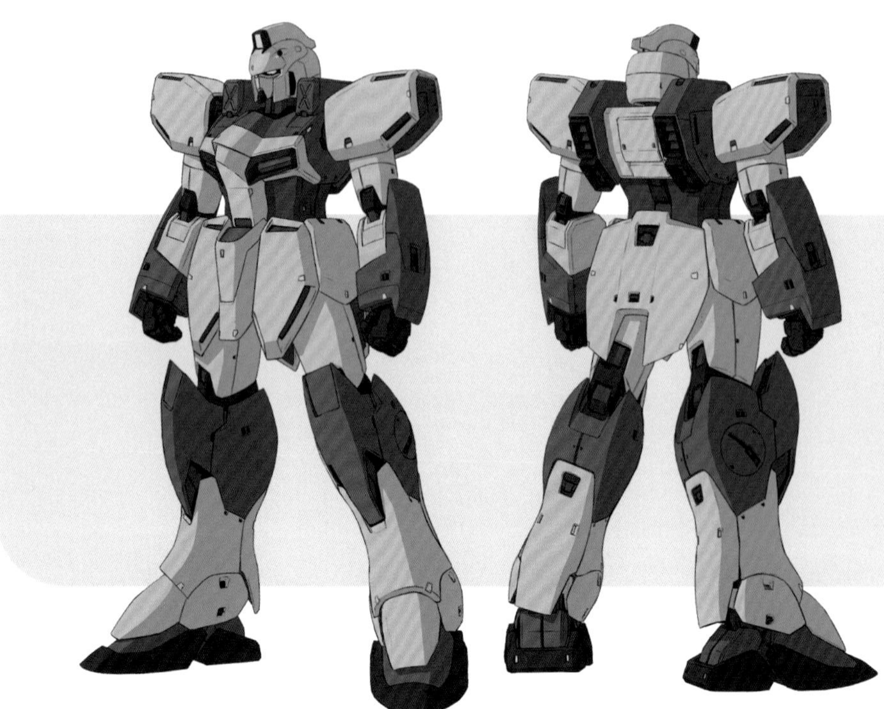

■鋼伊吉：陸戰用

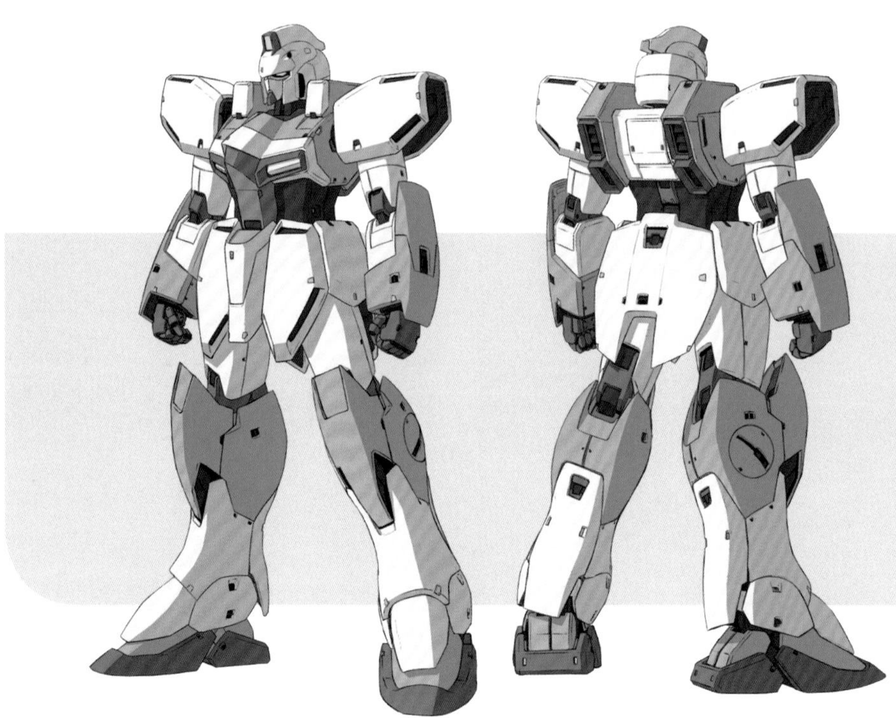

■鋼伊吉：塗裝樣式（灰色1）

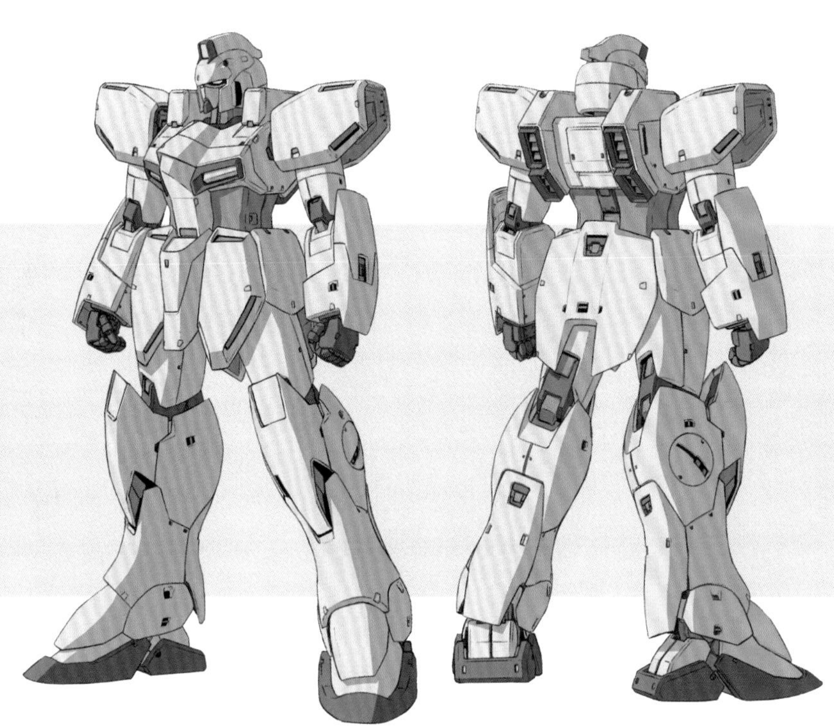

■鋼伊吉：塗裝樣式（灰色2）

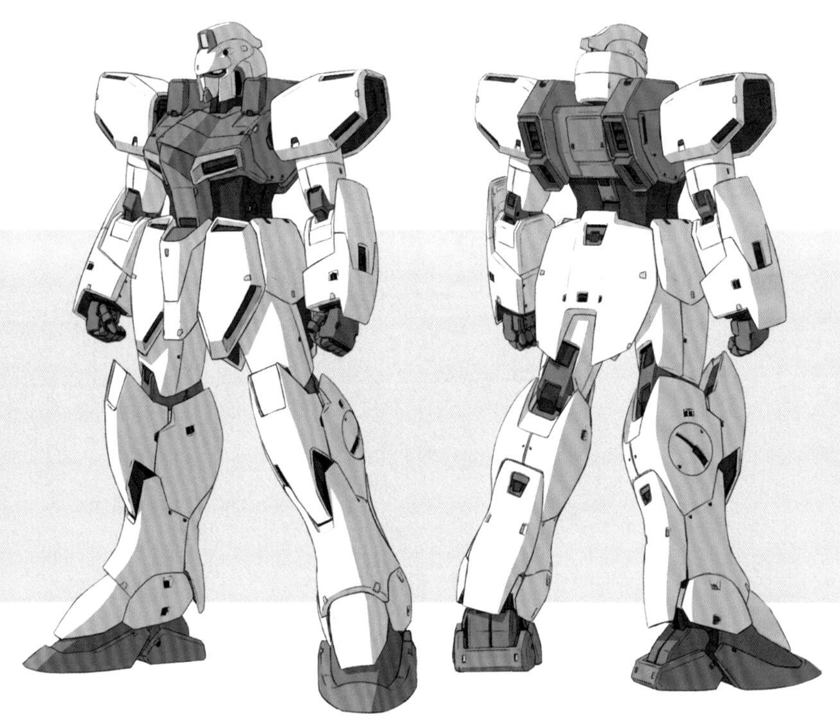

■鋼伊吉：出廠時配色

EM111E03　EM111E03〈鋼普拉斯達〉

GUN BLASTOR

【機體規格】

頭頂高：14.9m
本體重量：10.3t
全備重量：21.3t
裝甲材質：鋼達尼姆合金超級陶瓷複合材
發動機出力：4,820kW
推進器推力：20,180kg×1、
18,630kg×1、
15,520kg×1、
10,870kg×2
駕馭姿勢用推進器數：47座
武裝：巴爾幹砲×2
光束軍刀
二連多重火箭發射器
光束護盾

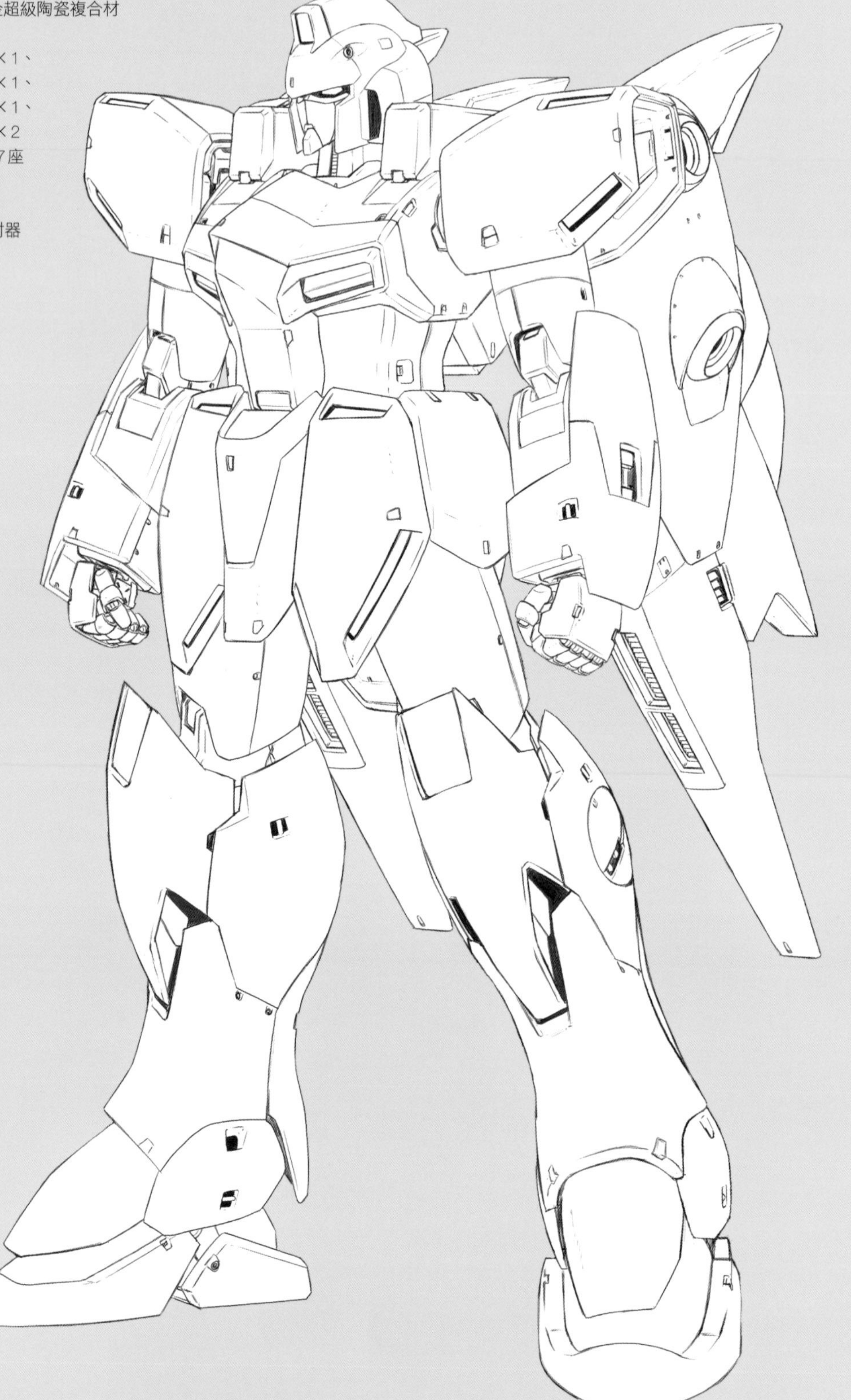

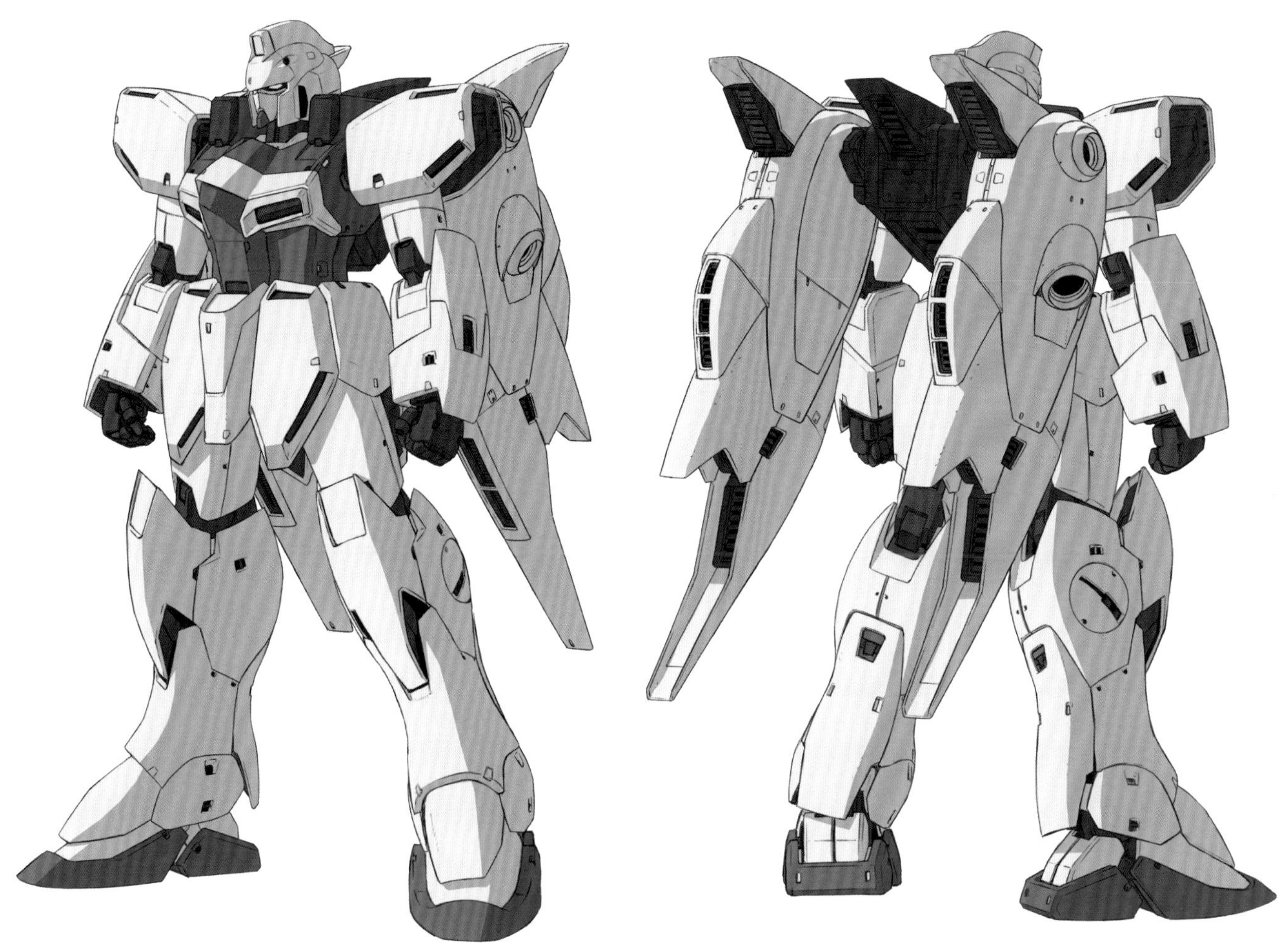

■EM111E03〈鋼普拉斯達〉

LM111E02「鋼伊吉」的設計理念是要成為地球與宇宙皆通用的泛用機，不過在投入實戰運用後，希望能提高機動力的呼聲也隨之增加。在如此背景下所開發的機型，就是眾所皆知俗稱「雙馬尾」的高機動型推進器元件。而實裝此元件，用以取代背部推進器的機體，即為EM111E03「鋼普拉斯達」。

雙馬尾本身的構造極為精簡，只由推進劑箱及推進器組成，沒有任何令人眼睛為之一亮的新機軸。就連將推進器元件設計為可動形式，以作為AMBAC肢運用的構想，都與U.C.0080年代登場的「平衡推進翼」概念如出一轍，甚至堪稱是過時技術的產物吧。不過，也正多虧如此才能在極短時間內開發完成，並發揮一如預期的效果。原先目的在於提升宇宙空間內的機體總推力以及延長續航距離，而這兩點都確實達成了。

此外，雖非原本的用途，但不單限於宇宙空間，甚至間接提升了重力環境下的跳躍力，這點頗受好評，因此在U.C.0153年5月以後便開始不分戰域廣為配備。順帶一提，本機雖沿用了「鋼伊吉」的產線並展開同步生產，但除了機體外，只生產推進器元件，用以改裝既有機體的案例似乎也不在少數。前文曾提及的「舒勒隊」亦有留下將配備機陸續改裝為E03式樣的紀錄。

EM111E03 EM111E03〈鋼普拉斯達〉

GUN BLASTOR

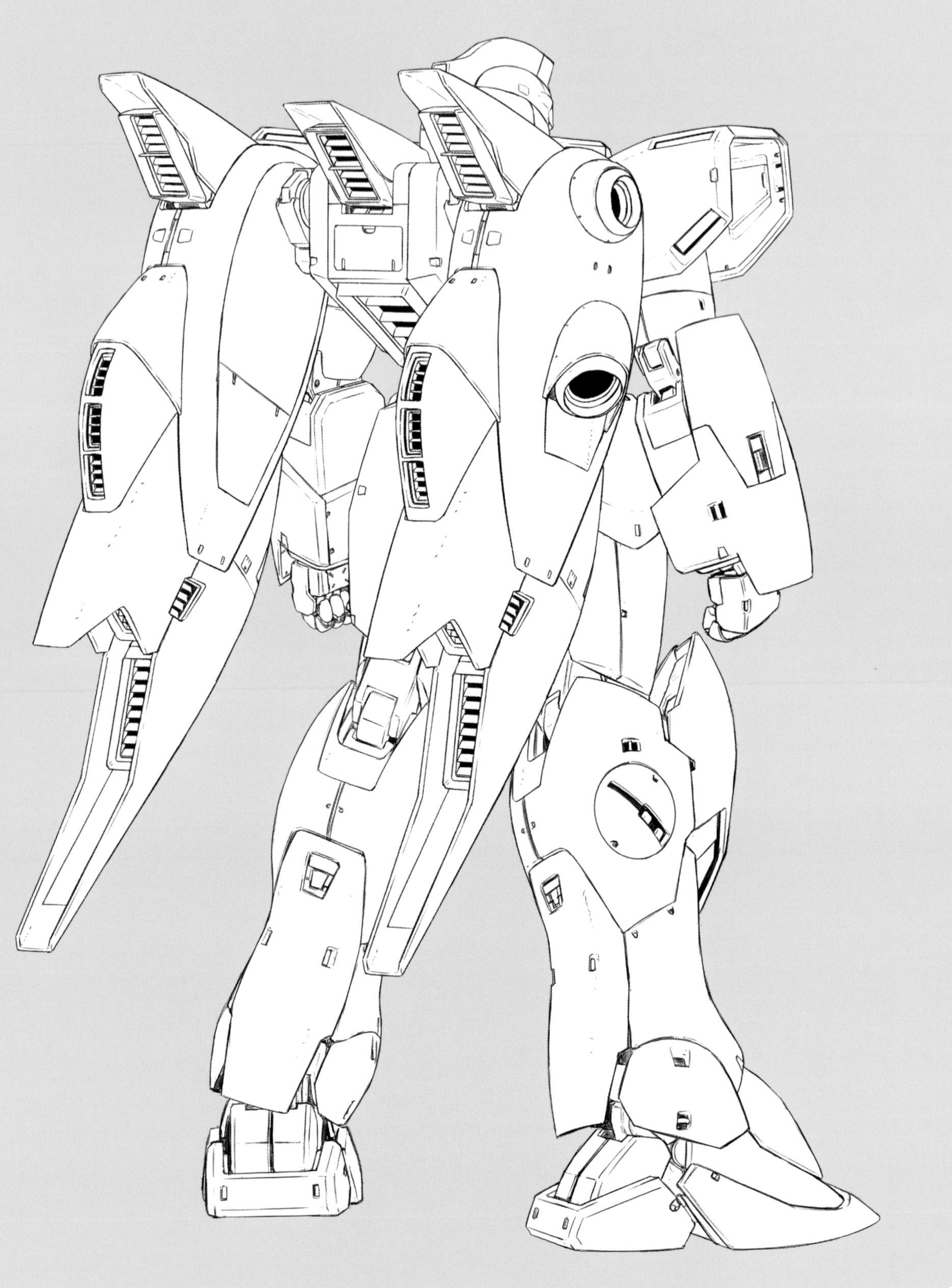

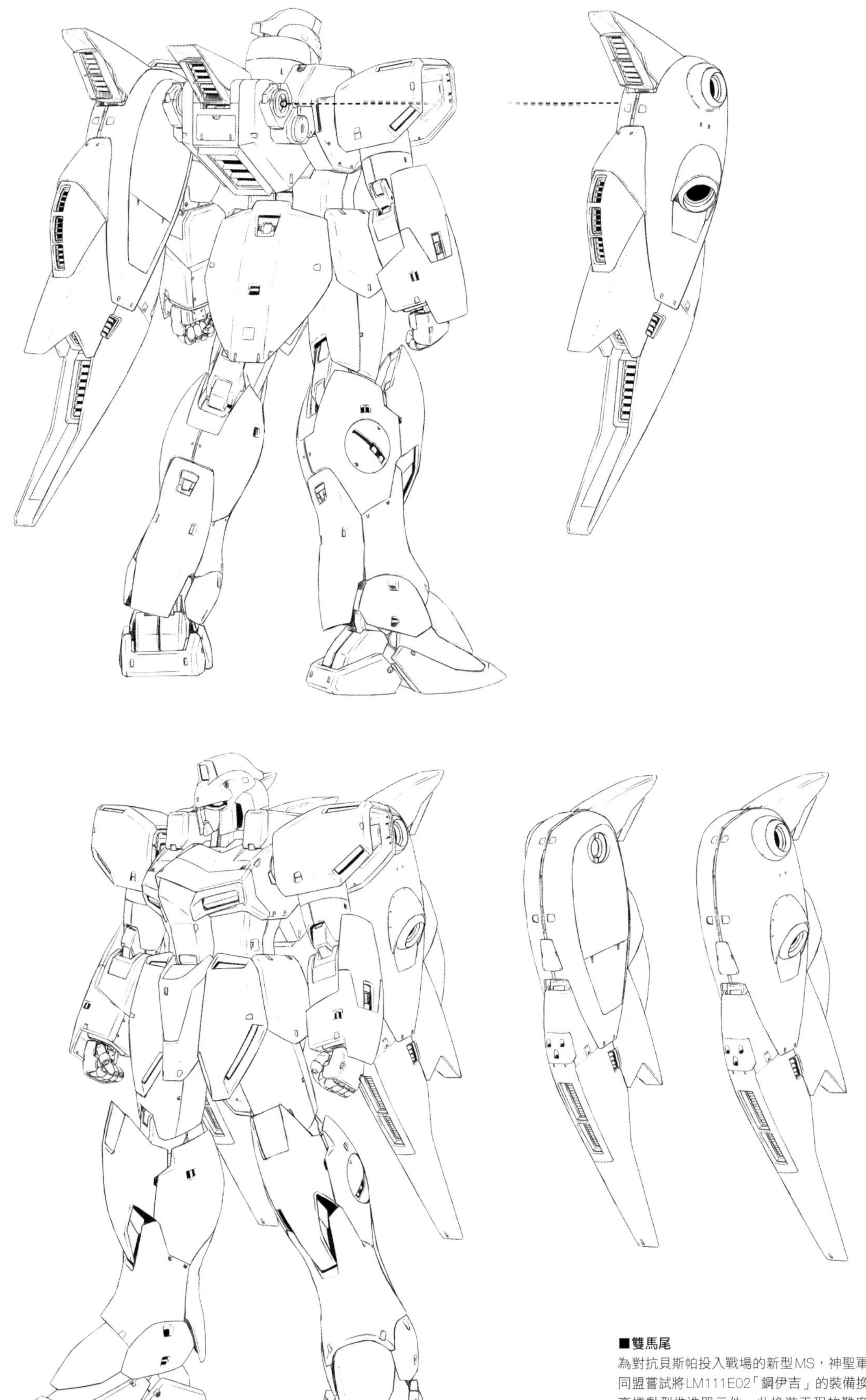

■雙馬尾

為對抗貝斯帕投入戰場的新型MS，神聖軍事同盟嘗試將LM111E02「鋼伊吉」的裝備換為高機動型推進器元件。此換裝工程的難度似乎較低。換裝後的機體賦予新的型式編號，即EM111E03「鋼普拉斯達」。

■POST VICTORY的摸索

LM312V04「VICTORY」的機體性能雖優於地球聯邦軍的制式機，但面對接連投入新型機的貝斯帕，想要持續與之對抗，這點優勢仍稱不上充足，機體顯然是遲早需要進一步的更新。對此，神聖軍事同盟的高層做出的決定是，不等LM312V04完成，直接著手同時開發次世代旗艦機。

接到此決策的技術人員，於是開始著手檢討POST VICTORY。這時，身為專案小組主要成員之一的S.N.R.I.出身技師──麥拉・米格爾提出了一項建議，即是要更新機體的推進系統，此提議隨即成為專案走向的明確方針。米格爾在U.C.0130年代就曾經參與F99「RECORD BREAKER」這架機體的開發，一如「破紀錄」這個暱稱所示，該機體之設計精神並不在於贏得軍方的制式採用，而是以更新MS的世界最高速紀錄為目標，是一架實驗機。米格爾主張要將這架F99所搭載的新機軸推進系統「米諾夫斯基驅動系統」實裝於VICTORY型上，藉此賦予機體更高階的機動性。

所謂的米諾夫斯基驅動系統，是一種疑似反重力推進系統，並由兩項技術融合而生，其一是V.S.B.R.開發過程中提升的帶電粒子變速駕馭技術，其二是米諾夫斯基飛行系統也有運用的I力場技術。這種驅動系統的原理是令封在元件內的成對力場互相反彈，從而產生莫大之推力。只要搭載此系統，重力環境下的飛

POST VICTORY

行自是不在話下，在沒有障礙物的宇宙空間理論上甚至可加速至亞光速。不僅如此，所消耗的能源還偏低，可有效減輕發電機的負荷，正可謂人人夢寐以求的推進系統。

再者，米諾夫斯基驅動系統啟動時，作為副產物產出而無法全數封於元件內的剩餘能源，會形成帶電粒子自噴射口釋放。一般而言，釋放的粒子只會有噴射焰等級的強度，但隨著出力提升，再加上其他兵器所釋放的粒子，最終形成了名為「光之翼」的巨大光束刃。若能巧妙運用這種狀態，想擊墜MS級的機動兵器當然不成問題，甚至可考慮作為強力的光束護盾應用。

為了宇宙艦艇用而開發的米諾夫斯基驅動元件，原本似乎極難縮減尺寸，但在米格爾等S.N.R.I.技術人員們的開發下，成功在16米級的F97系框架內實裝試作元件，共計建造了三架實機。然而，原本備受期待能成為次世代MS雛形的F99，卻在S.N.R.I.第二月面開發實驗所進行運用實驗時，遭到木星帝國軍的MS部隊攻擊，有兩架被擊至嚴重破損，餘下一架的米諾夫斯基驅動元件亦徹底毀損，開發工程因此停擺。

就這樣，原本早已消失於歷史黑暗中的米諾夫斯基驅動系統搭載型MS，在歷經約二十年光陰後，於U.C.0150年代因米格爾的主張重見天日。然而，縱使此技術已一度成功實用化，實際開發作業卻似乎仍不如預期般的順遂。

SECOND V

開發代號「SECOND V」，乃衍生自VICTORY型實用機——LM312V04「VICTORY」以及LM312V06「HEXA」系列之機體。據說在後繼機登場的影響下，前線開始改稱VICTORY型機體為「V1」。

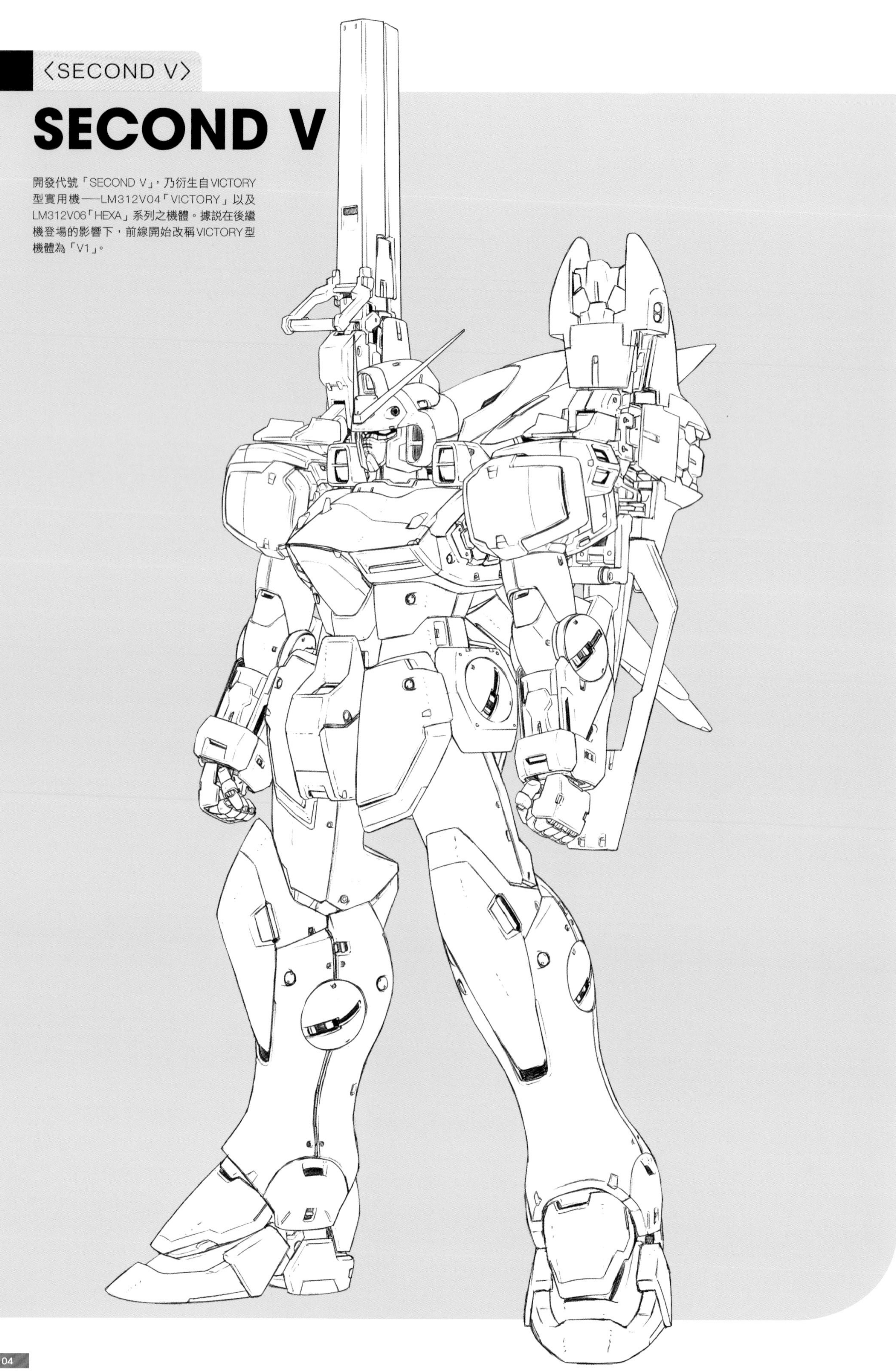

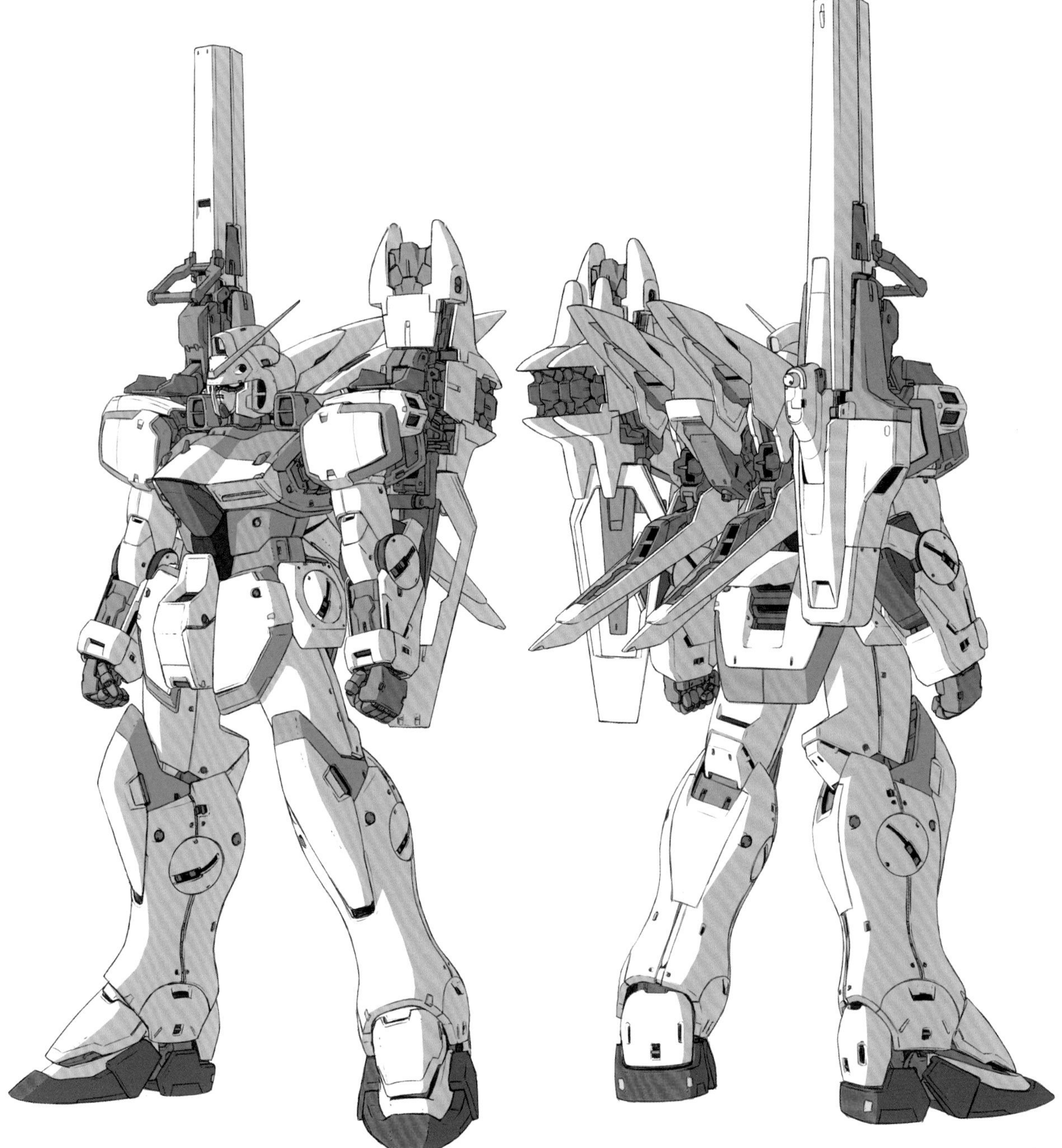

目前已發現可能有數架外觀存在若干差異的「SECOND V」。這些是否為同架機體？性能面是否有差異？至今皆未有定論。但是可推測VICTORY型機體的構想進展至下一階段時，在裝備等各方面必然經過各種實驗。

■SECOND V

在決定次世代旗艦機要採用米諾夫斯基驅動系統的基本方針之後，開發小組隨即著手進行設計作業。起初立案的計畫是在VICTORY型機體上增設米諾夫斯基驅動系統作為選配兵裝，即是俗稱「SECOND V」的試作機。

製作小組參考F99，設計出小型米諾夫斯基驅動元件，依循VICTORY型取向的輔助裝置規格將元件封裝成形，嘗試接合在機體的背面。且改良點並不僅止於此，發動機出力的提升、武裝的充實、部分裝甲強化等項目都一應俱全。

然而，當基礎設計結束，進入以電腦進行模擬的階段時，幾個問題便隨之浮現。首先，本體與輔助裝置間的接合處所承受之負荷其實遠超乎預期，在米諾夫斯基驅動系統進行最大出力時，最糟的情況甚至可能有空中分解的危險。

再者，原本還計畫為充分活用剩餘電力，於右肩追加MEGA光束加農砲，於左肩追加米諾夫斯基護盾（MEGA光束護盾），以期同時強化攻防兩面。但用來

SECOND V

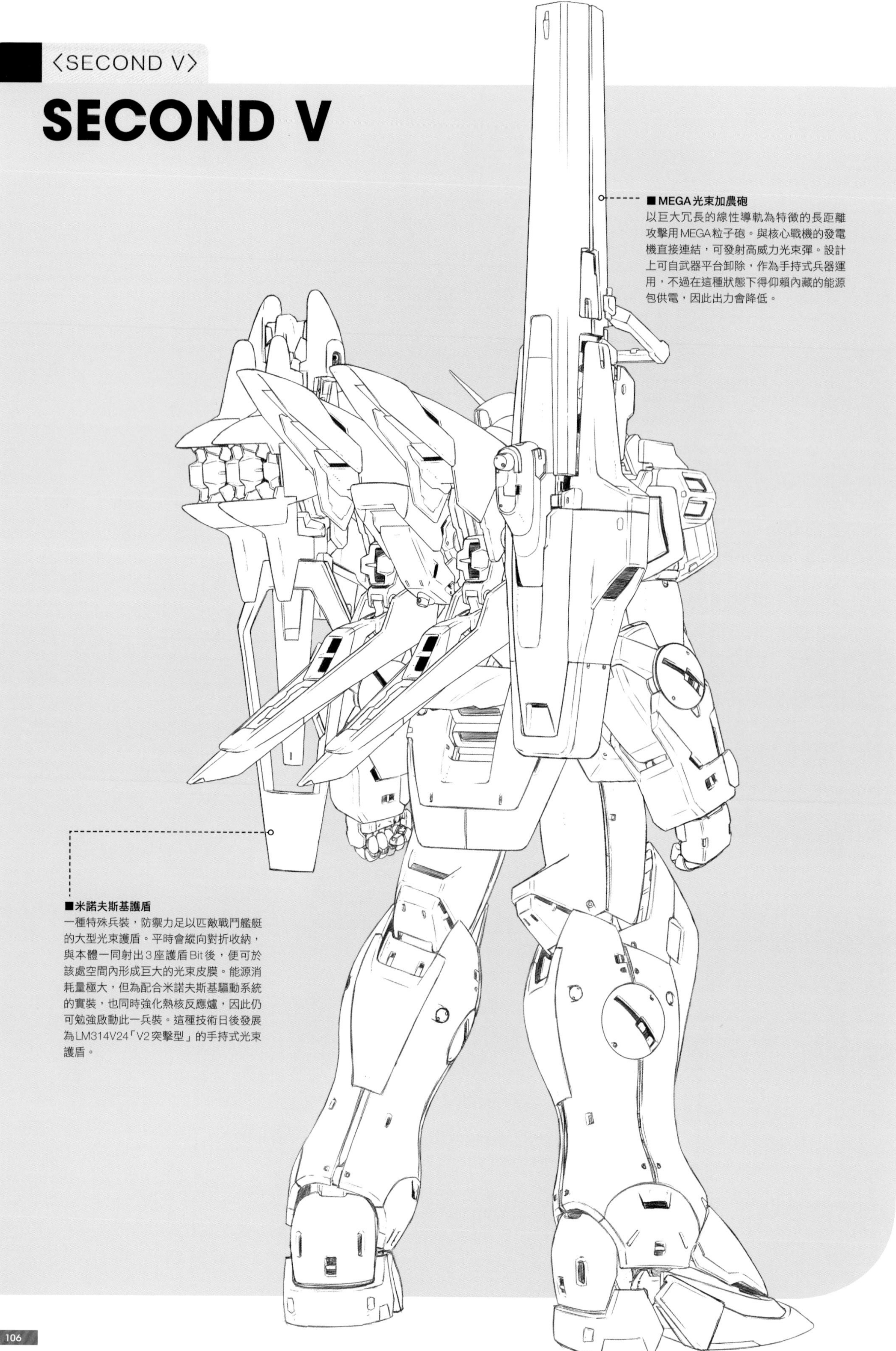

■MEGA光束加農砲
以巨大冗長的線性導軌為特徵的長距離攻擊用MEGA粒子砲。與核心戰機的發電機直接連結，可發射高威力光束彈。設計上可自武器平台卸除，作為手持式兵器運用，不過在這種狀態下得仰賴內藏的能源包供電，因此出力會降低。

■米諾夫斯基護盾
一種特殊兵裝，防禦力足以匹敵戰鬥艦艇的大型光束護盾。平時會縱向對折收納，與本體一同射出3座護盾Bit後，便可於該處空間內形成巨大的光束皮膜。能源消耗量極大，但為配合米諾夫斯基驅動系統的實裝，也同時強化熱核反應爐，因此仍可勉強啟動此一兵裝。這種技術日後發展為LM314V24「V2突擊型」的手持式光束護盾。

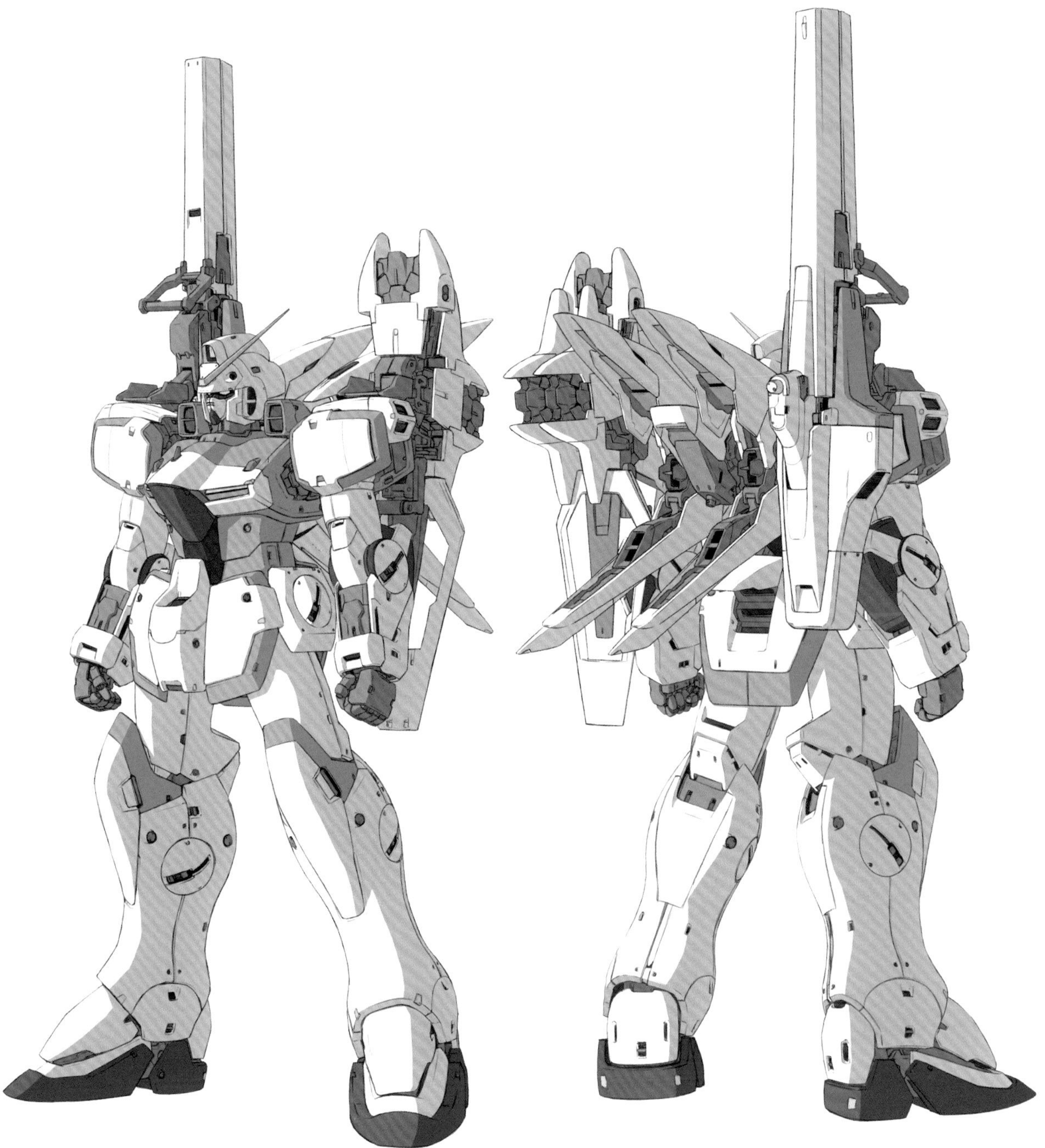

掛置追加裝備的武器平台已確認會於戰鬥機動時產生振動，對長距離射擊的精度帶來不良影響。以長射程作為賣點的MEGA光束加農砲可能因此失去強項，所以此缺陷的嚴重程度自是非同小可。

每項模擬的結果都指向一個答案，就是原本的機體框架早已達到極限。為此，開發小組似乎以沿用LM312V04「VICTOR」型後繼取向的試作型機體等方式，另外製作了幾架測試機，但都無法徹底克服上述問題。換言之，只要仍堅持沿用VICTORY型機體，症狀就難以根治。

不過，前述諸多症狀終究是讓號稱可達VICTORY型三倍馬力的發電機全力運作時才可能出現的極端案例，若運用時確實保留餘力，問題就不會浮現出水面。運用測試的結果似乎認為只要在機體駕駛方面加上適當的「限制器」，姑且就算是有達到實用等級。話雖如此，這架「SECOND V」還是屬於過渡期的機體，作為日後「V2鋼彈」之實證機的色彩較為強烈。若有投入實戰運用，研判也僅止於極短的期間。

SD-BC01

SD-BC01〈加農砲背包〉

CANNON PACK

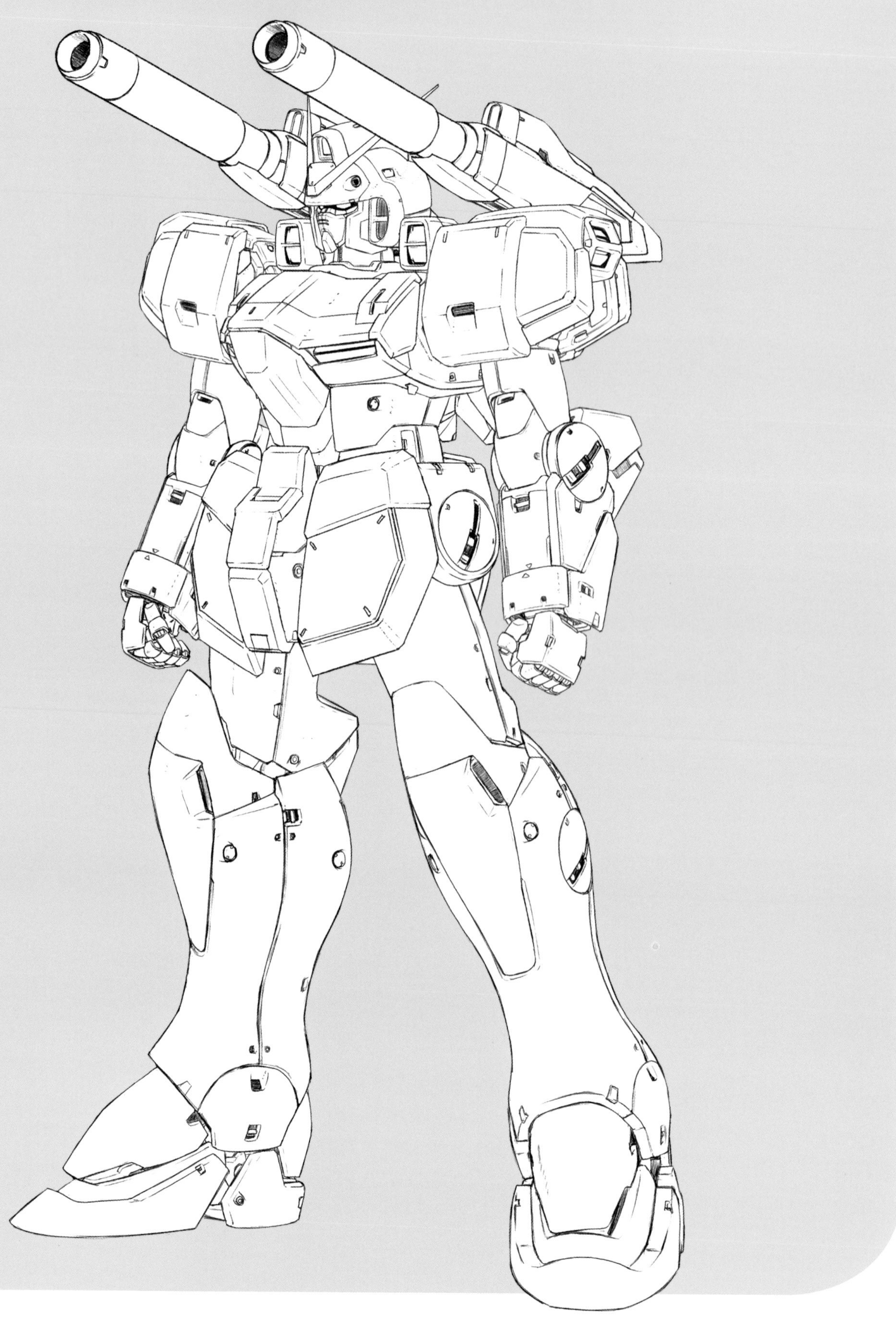

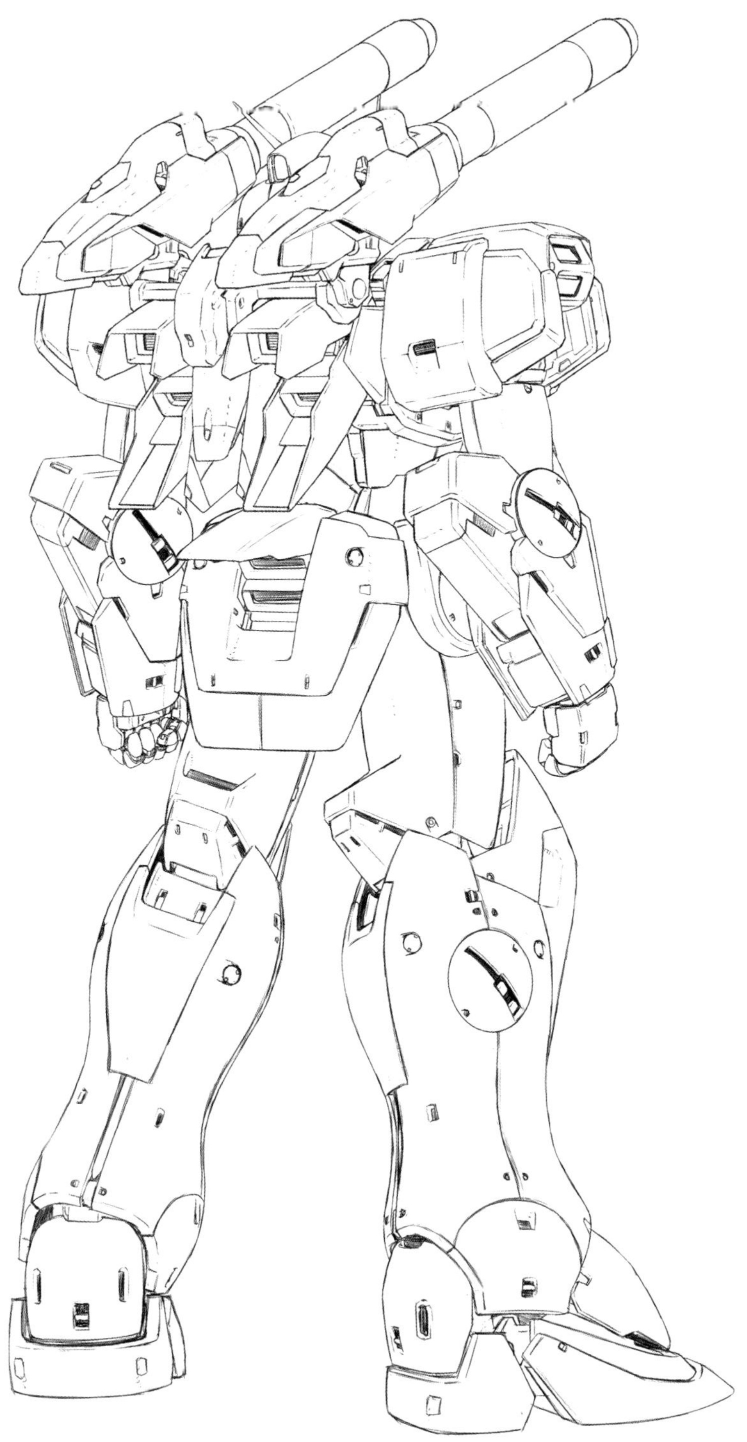

■SD-BC01〈加農砲背包〉

增強火力同時提升對實體彈之防禦力為目的，特別設計的輔助裝置。計畫內容是使機體在MS狀態下，於背部裝備搭載兩門光束加農砲的加農砲背包，並且於肩甲及裙甲處披上複合裝甲。在開發階段似乎參考了U.C.0080年代初期實用化的中距離支援用MS——RGM-83「吉姆加農II」的設計資料。不過，從火力更優秀的SD-VB03A獲得實用化這點看來，本案最後應是喊停，並未製造實機才是。

LM314V21

LM314V21〈VICTORY 2〉

VICTORY TWO GUNDAM

【機體規格】

頭頂高：15.5m
本體重量：11.5t
全備重量：15.9t
裝甲材質：鋼達尼姆合金超級陶瓷複合材
發動機出力：7,510kW
主推進器：米諾夫斯基驅動系統×2
推進器推力：16,700kg×2、4,770kg×7
駕馭姿勢用推進器數：42座
武裝：巴爾幹砲×2
光束軍刀×2
光束護盾×2
硬點×10

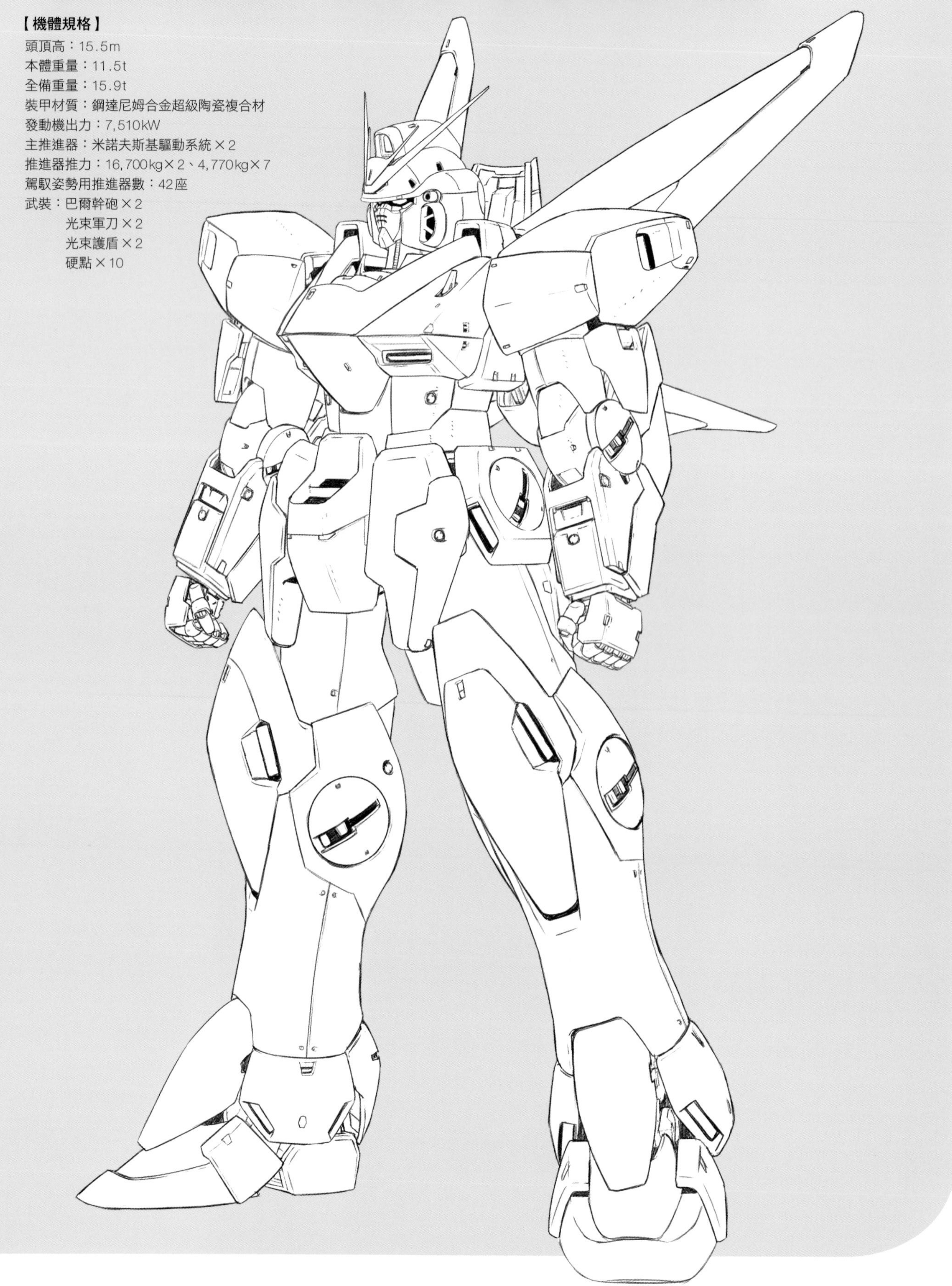

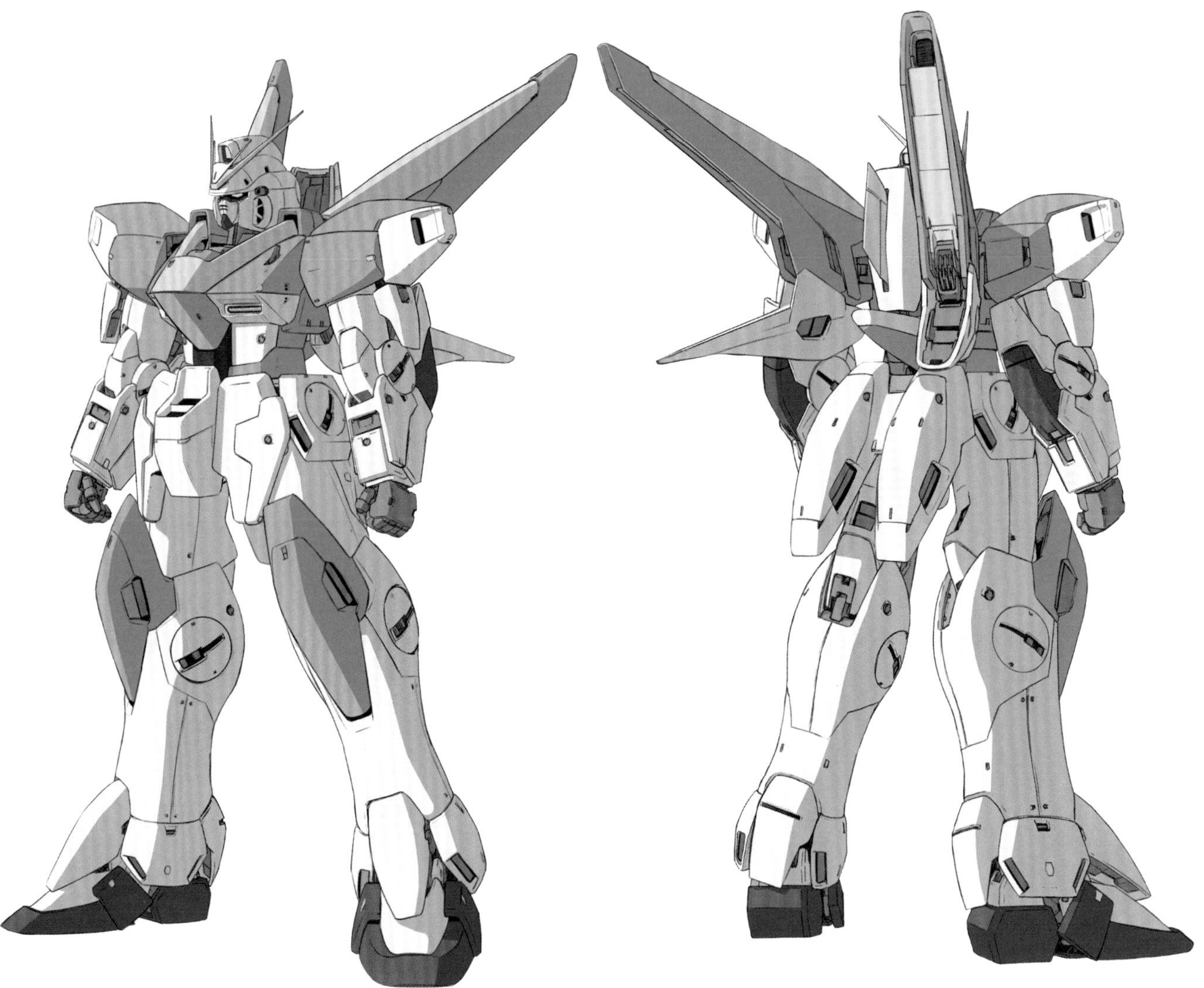

■LM314V21〈VICTORY 2〉

目睹「SECOND V」的測試結果，神聖軍事同盟的技術成員打消了將米諾夫斯基驅動系統作為選配裝備的念頭，同時也放棄沿用VICTORY型框架的方式，轉而開始重新設計本體架構，決定要開發內包米諾夫斯基驅動系統的新型核心戰機。

為此，必須得將米諾夫斯基驅動系統更進一步小型化。因此開發小組不但得趕工建造新型的合體變形式MS以作為素體使用，同時還得召集專業人士前往月球，設法解決小型化難題。

根據負責設計素體的技師所言，他們的作業首先始自重新分析LM310V10的數據，檢證在最大武裝時框架的負荷情形。在這個階段確認下半身沒有特別形成問題後，似乎就決定BOTTOM RIM大致上的設計都要沿用VICTORY型的內容。而BOTTOM RIM的變更點也確實都比較無關大局，只有削減小腿部的推進器（因為已確定核心戰機的推力會提升），以及儲存反應劑用的整體油箱輕薄化等等。

另一方面，TOP RIM則是事先就考量到要將肩甲作為武器平台運用，因而強化了肩部周邊接合處。內藏式光束軍刀掛架與光束護盾的展開機構雖沿用

LM314V21 LM314V21 <VICTORY 2>

VICTORY TWO GUNDAM

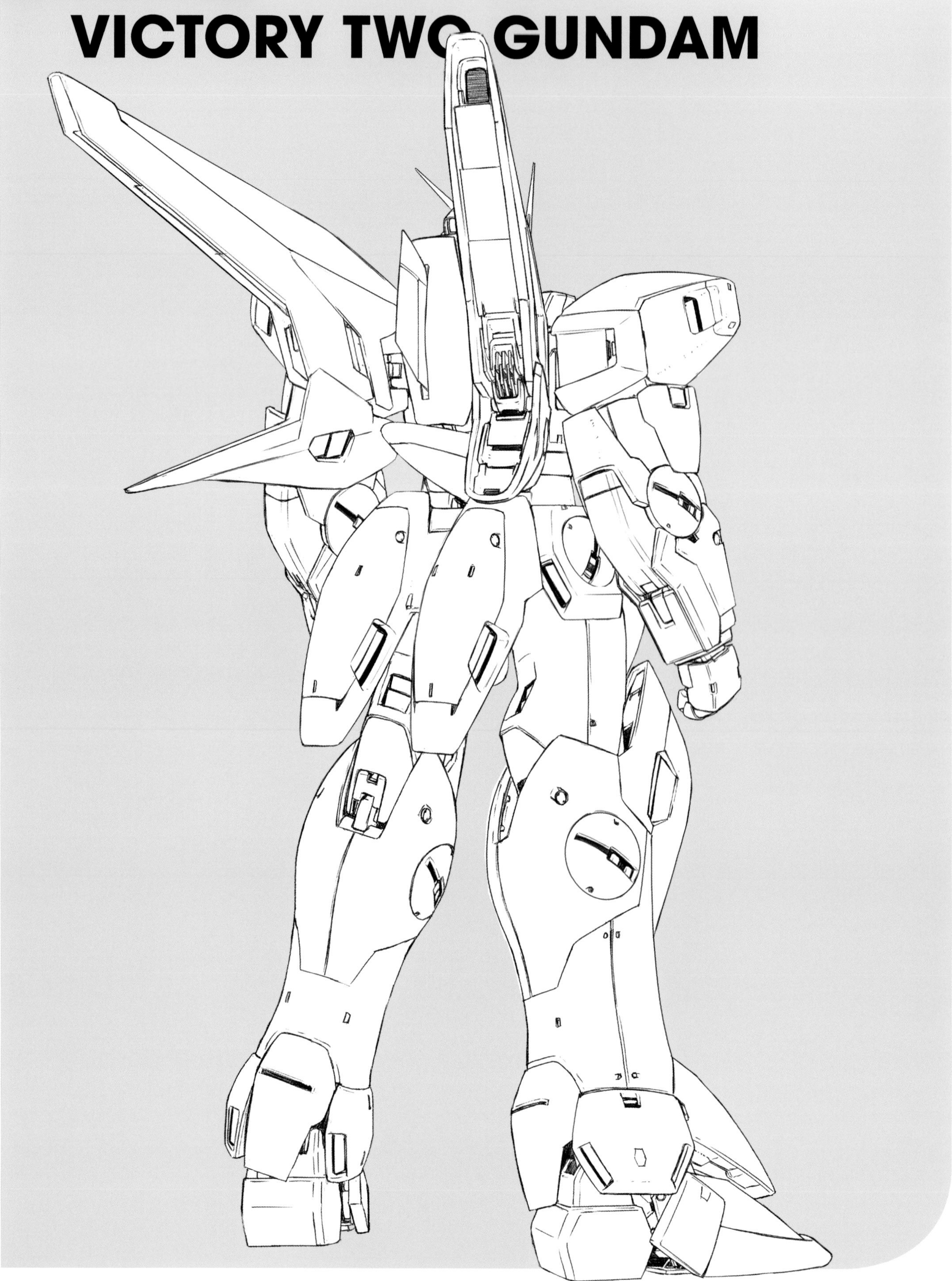

VICTORY型的內容，但也進行了幾項調整，諸如變形時不再讓手臂整支移向側面等等。

不過，與核心戰機改頭換面的程度相較之下，這些改良點甚至可歸類為誤差範圍內的等級。由於採用米諾夫斯基驅動系統作為主推進器，即使在於大氣圈內飛行也無須依靠空氣的上升力，因此本就偏小的主翼這次更是直接拔除了，原本成對的尾翼也刪至一片。至於以往配置主推進器的位置，則是裝配了劍刃型的米諾夫斯基驅動系統，外型比起航空機，變得更接近火箭式的直線型輪廓了。

頭部元件方面也作了調整，為改善遠距離射擊時的命中精度，加裝了長距離適配器，同時也增設了V字型天線的數量，以期更加提升通訊與探測的能力。

經過上述調整，鞏固基礎設計之後，開發小組首先著手建造為搭載米諾夫斯基驅動系統的試作機，並召集原隸屬地球聯邦軍的幹練駕駛員——哈里森・馬丁反覆進行測試，仔細地確認機體均衡性。隨後，待小型米諾夫斯基驅動系統的設計圖面送達，便於月面的鍩元素工廠開始建造實機。

就這樣，眾所期待的「VICTORY」型後繼機——LM314V21「VICTORY 2」，總算於U.C.0153年中期出廠。至少有兩架核心戰機宣告完成，並立即配備投入實戰。其中一架的運用者為「舒勒隊」隊長——奧利佛・伊諾，但在與摩托戰艦艦隊交戰時進行特攻，走上了不歸路。另一架則成為神聖軍事同盟的年少王牌——胡索・艾溫之乘機，並歷經以天使之輪為中心的一連串攻防戰，打下無數的豐碩戰果。

V2 TOP RIM / V2 TOP FIGHTER

【機體規格】（TOP FIGHTER）

全長：17.5m
發動機出力：7,510kW
主推進器：米諾夫斯基驅動系統×2
推進器推力：4,770kg×2
武裝：巴爾幹砲×2
　　　光束軍刀×2
　　　光束護盾×2
　　　硬點×10

V2 CORE FIGHTER

【機體規格】

全長：17.5m
發動機出力：7,510kW
主推進器：米諾夫斯基驅動系統×2
推進器推力：4,770kg×2
武裝：巴爾幹砲×2

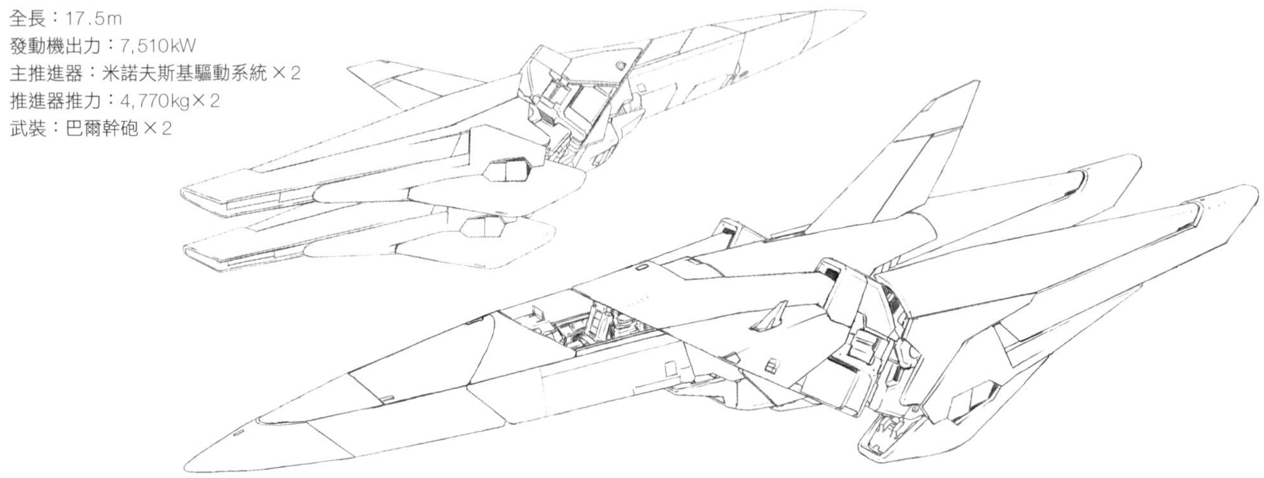

■V2核心戰機

成為LM314V21「VICTORY 2」之核心的小型戰鬥機。一如前文所述，本機最大的特徵即是具備米諾夫斯基驅動系統。雖因排除主翼導致機體幅度縮短，但同時也受到機首伸長、米諾夫斯基驅動系統朝後方大為突出的影響，全長已超過17公尺，幾乎達舊型的兩倍。

另外，由於排除了主推進器，推進器推力比起V04大約落至三分之二的水準，不過由於米諾夫斯基驅動系統的存在，使得機動性反倒大為攀升，甚至有一說認為可以在垂直離陸後立刻急速上升後空翻。

順帶一提，本機與LM312V04「VICTORY」不同，變形時頭部元件會完全收納於內部，但也可以自由露出在外，所以就算在核心戰機型態下，似乎也同樣可使用頭部巴爾幹砲。且這種狀態下頸部關節可任意轉動，因此可將頭部元件作為旋轉砲塔運用。

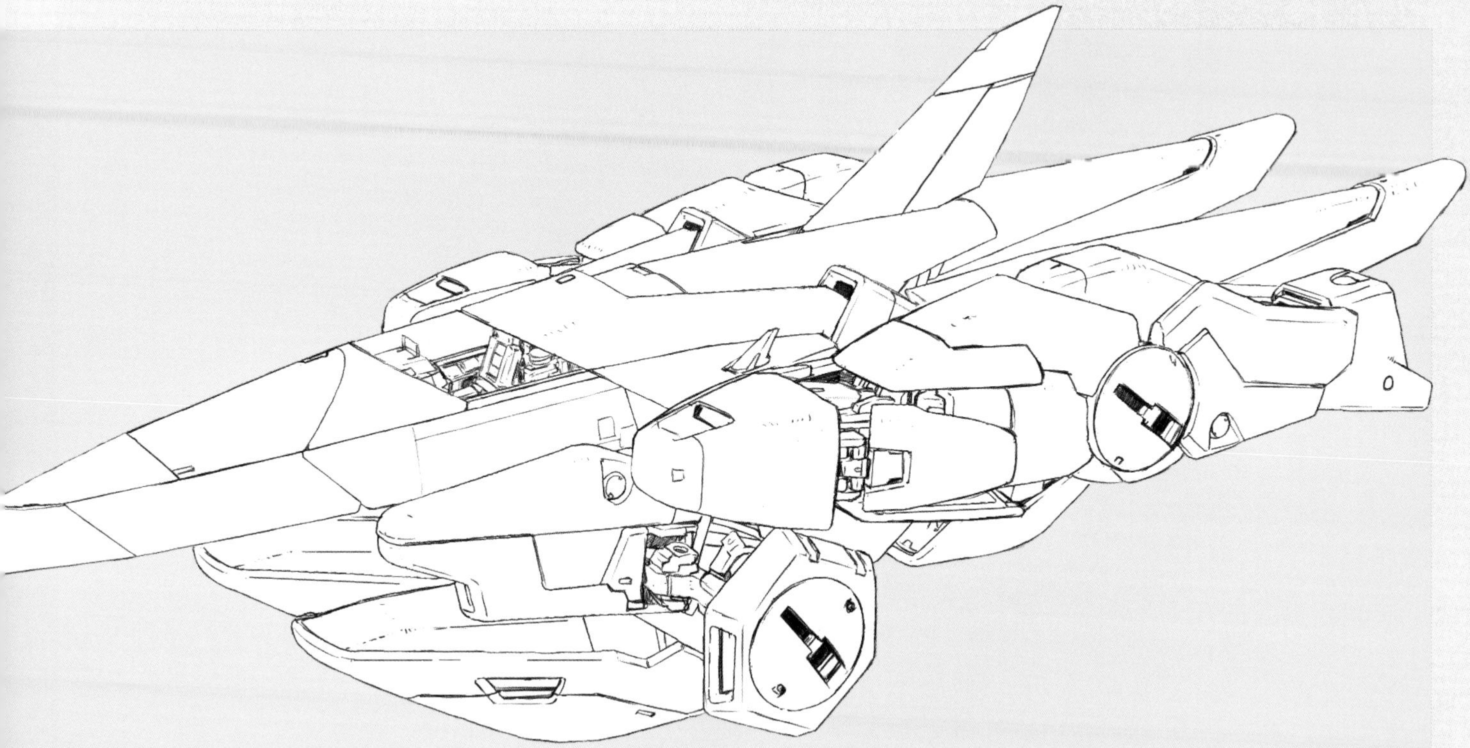

■V2 TOP RIM／TOP FIGHTER

基本構成要素雖是以LM312V04「VICTORY」為準，但變形時手臂元件不再移向側面。這項變更主要是為了在TOP FIGHTER狀態下確保視野的措施，但連帶造成使用光束軍刀或光束護盾時得多一項動作，算是得失互補。另外，隨著這項改動，光束步槍之類的手持式兵裝也變更為吊於機體下方的形式。

V2 BOTTOM RIM / V2 BOTTOM FIGHTER

【機體規格】(BOTTOM FIGHTER)

全長：21.2m
發動機出力：7,510kW
主推進器：米諾夫斯基驅動系統×2
推進器推力：4,770kg×7
武裝：巴爾幹砲×2
硬點×10

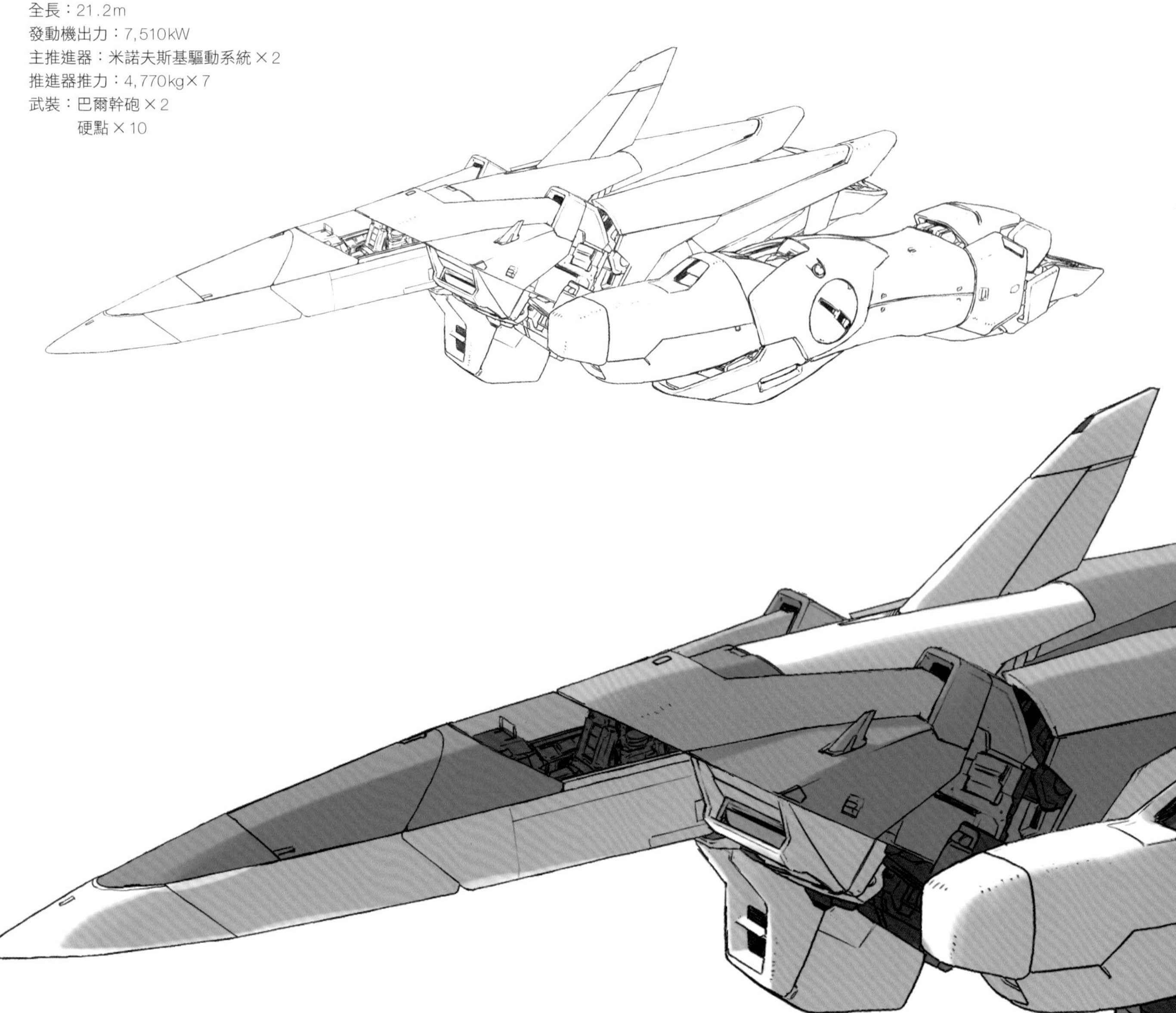

■V2 BOTTOM RIM／BOTTOM FIGHTER

除了撤除小腿部推進器與反應劑用整體油箱的小型化之外，BOTTOM RIM的式樣與LM312V04「VICTORY」可說是幾乎無異。若要再舉出其他，頂多就是腳底與裝甲的可動方式經過重新設計，能夠收納得更平順這類細節程度的差異了。

由於急於實用化，不得已放棄了將光束護盾實裝於腳部的設計，結果「BOTTOM FIGHTER狀態時防禦性能偏低」這個在V04時期便存在的問題，就這樣原封不動地繼承了下來。

V2鋼彈的推進裝置

V2鋼彈所搭載的推進裝置，是以原理與V鋼彈大相逕庭的「米諾夫斯基驅動系統」作為主推進器。

米諾夫斯基驅動系統的原理是釋放米諾夫斯基粒子，透過脈衝電流與脈衝磁場使其立方結構達到通常狀態的一百倍，形成I力場球面，利用力場噴射能量的反作用力形成推進力。

一般而言，無論是否處於大氣層內，於空間中生成I力場的米諾夫斯基粒子方格配列只會與另一方的I力場產生反動，並不會產生更多斥力。換言之，縱使空間內的米諾夫斯基粒子密度極高或範圍極廣，米諾夫斯基飄浮裝置也只會對所生成的I力場產生反作用力支撐之，而不會令其移動。好比地球上若以戰艦等級的重物搭載米諾夫斯基飄浮裝置展開I力場，雖能產生與其重量相應的反作用力，卻不會超出其重量，無法令戰艦上升。小型航空機等級也不例外，只會產生足以支撐自重的反作用力。想讓米諾夫斯基飄浮裝置搭載機上升，不是透過火箭或噴射引擎這類裝置產生朝上的向量，就是利用其他的推進力前進，並以飛翼等裝置發生升力才行。況且一旦離開固定位置，就會改受到I力場之間的吸引力影響，必須再消耗額外作用力去抵抗這些引力才能上升。因此，即使向後方展開I力場，只要原為靜止狀態，就無法得到來自空間中I力場的反作用力而不會前進；甚至必須得有足以抵銷I力場間引力的推進力才可前進。想將米諾夫斯基飄浮裝置作為推進力使用實為天馬行空的幻想。

上文已提過，米諾夫斯基驅動系統是以帶電的米諾夫斯基粒子透過磁場加速並釋放，利用釋放的反作用力作為推進力。由於必須預先設立粒子的加速領域，因而裝置本身無法壓縮尺寸，V2鋼彈也在後方延伸出長型的翼桿，理論上可令機體加速至亞光速。不過驅動系統會令米諾夫斯基粒子在非電漿化的狀態下排列成立方結構，並壓縮成球面透過脈衝磁場加速釋出。由於每秒會以脈衝方式射出數十至數千個球面，球面與上一個射出的球面間形成的反作用力會依序傳至機體，令機體前進。當機體位於大氣層內時，力場球面會受地球重力與大氣的影響而減速，導致球面之間間隔較窄，因而比起大氣層外可產生更高的加速效果。雖然這是只看米諾夫斯基驅動系統單體的數據，搭載於MS時還得考慮MS本身所受到的空氣阻力，但大多數場合似乎仍是在大氣層內的機動性能較高。

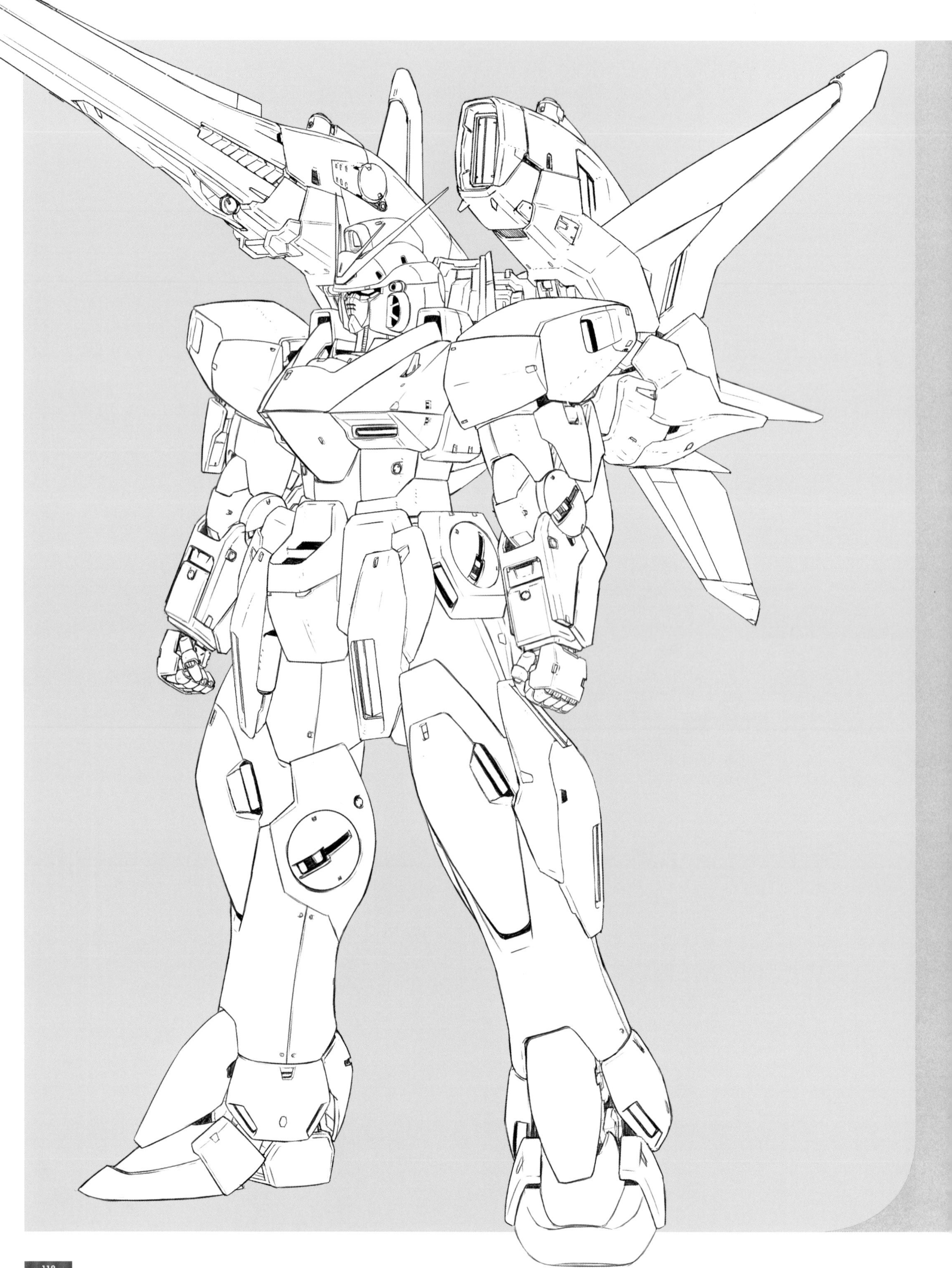

LM314V23 LM314V23〈V2殲滅型〉

V2 BUSTER GUNDAM

【機體規格】
頭頂高：15.5m
本體重量：13.8t
全備重量：19.9t
裝甲材質：鋼達尼姆合金超級陶瓷複合材
發動機出力：7,510kW
主推進器：米諾夫斯基驅動系統×2
推進器推力：16,700kg×2、4,770kg×7
駕駛姿勢用推進器數：46座
武裝：巴爾幹砲×2
光束軍刀×2
光束護盾×2
MEGA光束加農砲
擴散光束艙
微型飛彈艙×6
硬點×10
（為裝備微型飛彈艙，腳部設有2處）

■LM314V23〈V2殲滅型〉

在LM314V21「VICTORY 2」的背部裝備專用懸掛背包的重攻擊型式樣。右肩架有長距離射擊用的MEGA光束加農砲，左肩則備有接近戰鬥用的光束擴散艙。此外，前後方裙甲與腳部側面各增設了兩座微型飛彈艙，合計共六座，實現了提升整體火力的目標。

LM314V24

LM314V24〈V2突擊型〉

V2 ASSAULT GUNDAM

【機體規格】

頭頂高：15.5m
本體重量：12.3t
全備重量：19.1t
裝甲材質：鋼達尼姆合金超級陶瓷複合材
發動機出力：7,510kW
主推進器：米諾夫斯基驅動系統×2
推進器推力：16,700kg×2、
4,770kg×7
駕馭姿勢用推進器數：46座
武裝：巴爾幹砲×2
光束軍刀×2
光束護盾×2
V.S.B.R.×2
I力場發生器×2
硬點×10
（為裝備V.S.B.R.，腰部設有2處）

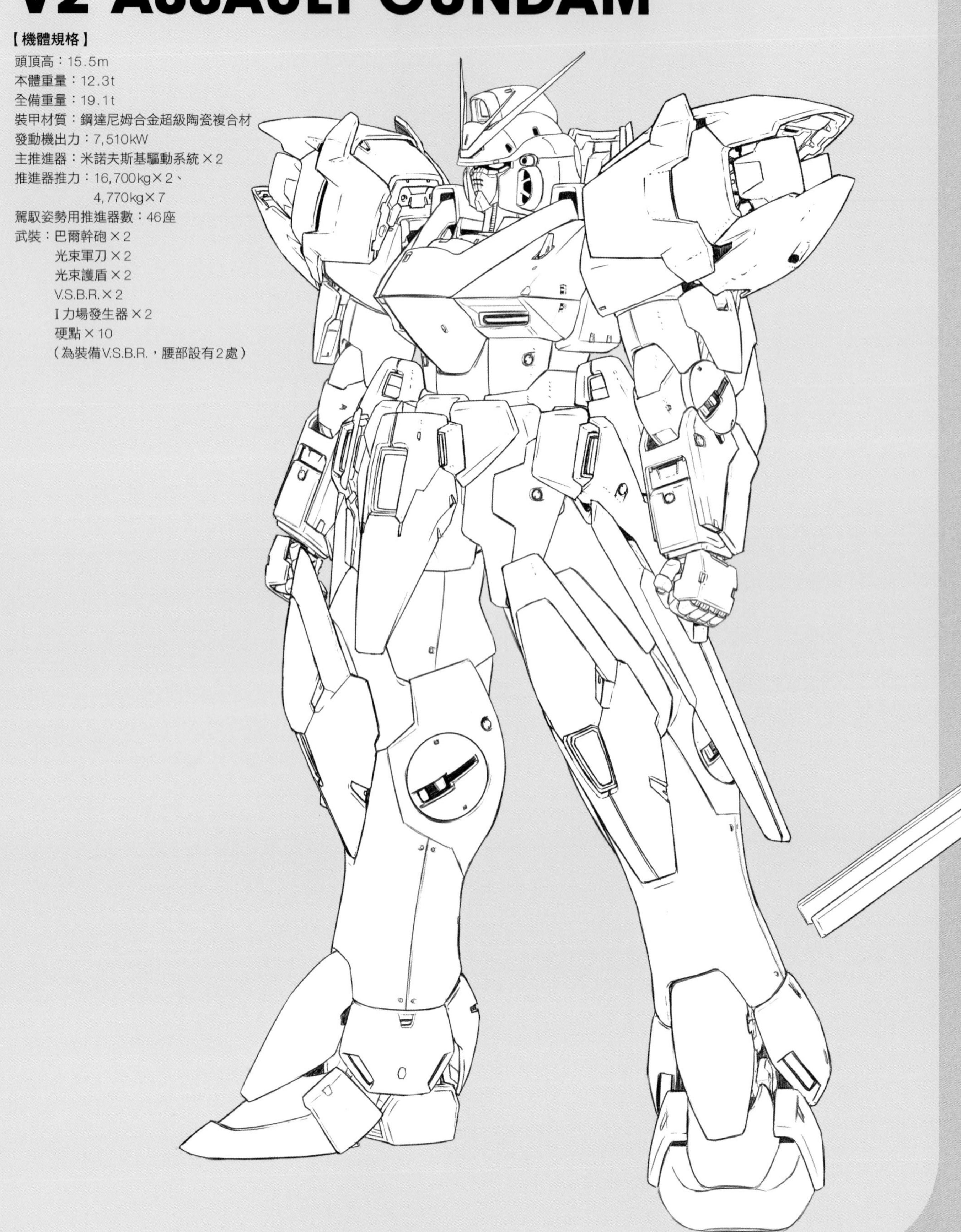

■ MEGA光束步槍

雖然MEGA光束步槍並非突擊式樣的專用裝備，但據說胡索・艾溫以V24式樣出擊時，特別愛用這項武裝。這是將光束發生器與粒子加速器分割設計的射擊戰用裝備，平時會掛載於腳部硬點搬運。由於在戰場上得將兩種裝置接合運用，因此在使用便利性方面難以稱上優秀，但相對地出力極高，其威力就連光束護盾都難以抵擋。

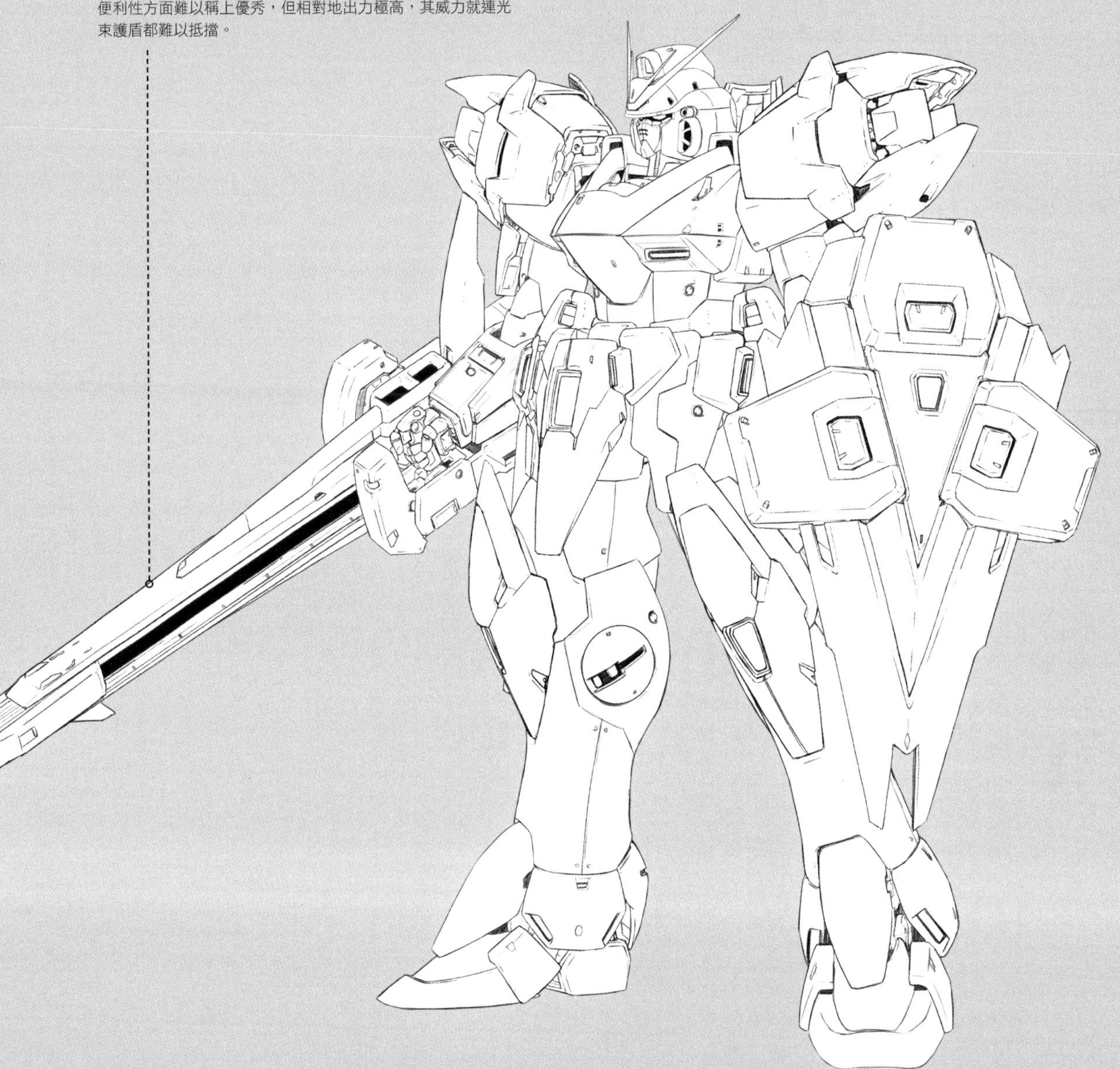

■ LM314V24〈V2突擊型〉

LM314V21「VICTORY 2」的突擊&白兵戰機體式樣。相對於著重在提升火力的V23「V2殲滅型」，V24「V2突擊型」採用的是重視防禦的設計。兩肩、胯下與兩膝所裝備的增設零件是用以因應實體彈的二次裝甲，且這些裝甲還同時施予了耐光束覆膜，藉由溶解零件表面，讓光束著彈時的能源得以分散。此外，增設零件中還包含了兩座I力場發生器，使得手持式選配兵裝「MEGA光束護盾」能常保裝配狀態。這種護盾發展自「SECOND V」開發過程中試作的米諾夫斯基護盾，能透過射出三座護盾Bit形成範圍廣泛的光束皮膜，在防禦力方面堪稱當代的最高峰。

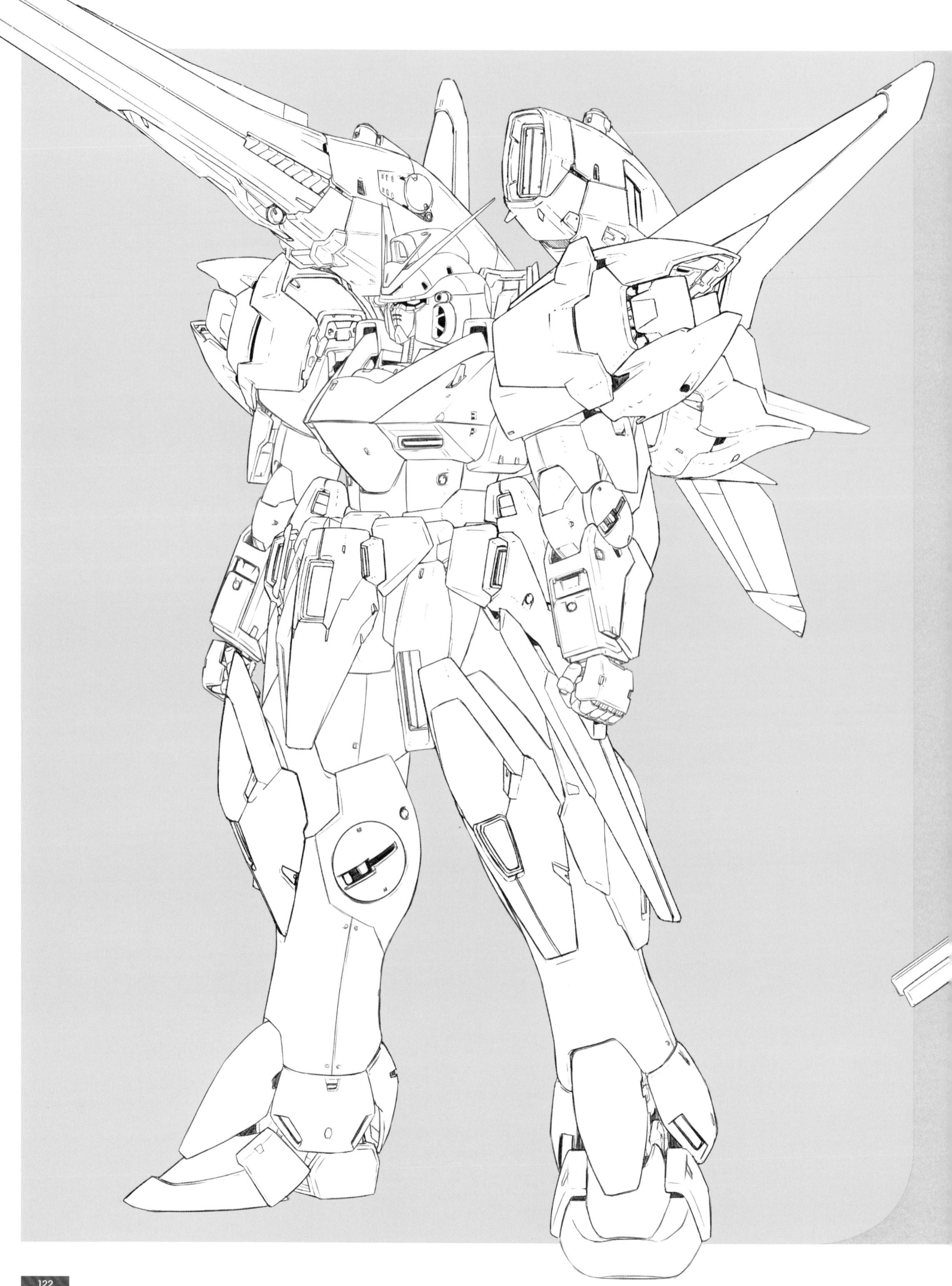

LM314V25 LM314V25〈V2突擊殲滅型〉

V2 ASSAULT-BUSTER GUNDAM

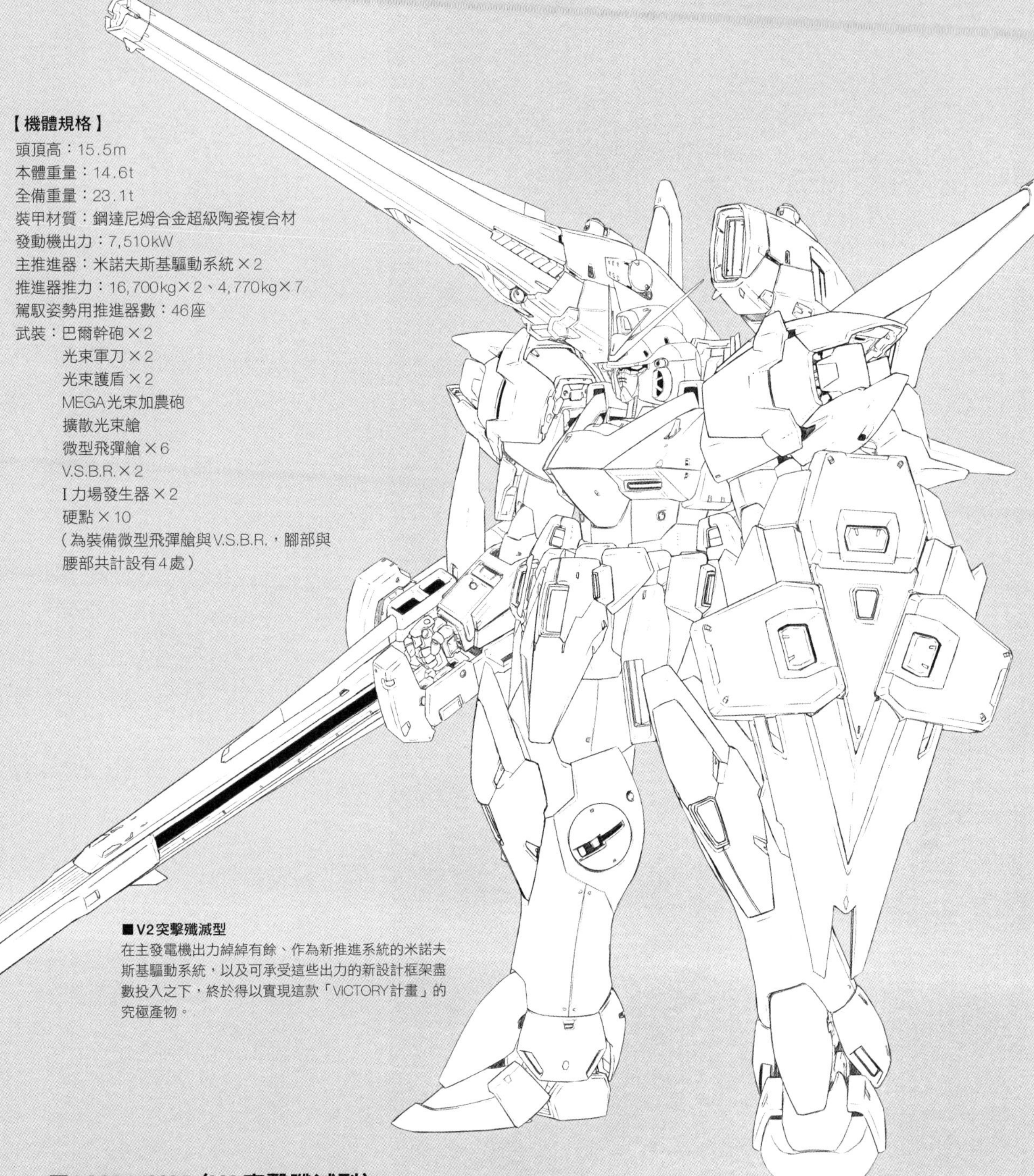

【機體規格】

頭頂高：15.5m
本體重量：14.6t
全備重量：23.1t
裝甲材質：鋼達尼姆合金超級陶瓷複合材
發動機出力：7,510kW
主推進器：米諾夫斯基驅動系統×2
推進器推力：16,700kg×2、4,770kg×7
駕馭姿勢用推進器數：46座
武裝：巴爾幹砲×2
光束軍刀×2
光束護盾×2
MEGA光束加農砲
擴散光束艙
微型飛彈艙×6
V.S.B.R.×2
I力場發生器×2
硬點×10
（為裝備微型飛彈艙與V.S.B.R.，腳部與腰部共計設有4處）

■V2突擊殲滅型
在主發電機出力綽綽有餘、作為新推進系統的米諾夫斯基驅動系統，以及可承受這些出力的新設計框架盡數投入之下，終於得以實現這款「VICTORY計畫」的究極產物。

■LM314V25〈V2突擊殲滅型〉

V23「V2殲滅型」與V24「V2突擊型」的選配裝備從一開始就採可以併用的設計，同時裝配兩者的狀態就稱為「V2突擊殲滅型」。在U.C.0153年6月，以天使之輪為中心的一連串攻防戰中，所屬於「白色方舟隊」的胡索・艾溫乘機實際上便是以此狀態出擊。

透過全數裝備各種選配兵裝與手持式武裝，成功兼顧當時最高端的防禦性能與匹敵巡洋艦的打擊力。多虧了米諾夫斯基驅動系統所產生的極大推力與高出力熱核反應爐的貢獻，才得以實現這種蠻幹式的構成。

【光之翼】

「V2鋼彈」曾在戰鬥中被觀測到機體後方產生形狀不定的光幕狀物體，已得知此現象在過載狀態下容易頻繁出現。針對這個狀況，開發米諾夫斯基驅動系統的AE社所提出的見解為——短時間內高速壓縮生成大量的米諾夫斯基粒子，並且在大氣狀態等因素影響下相互撞擊或融合，因而釋放能量，結果形成MEGA粒子而發光。這個有「光之翼」之稱的現象，就結論而言，算是因米諾夫斯基驅動系統的駕馭軟體運作不良所致，不過這些高速釋放能量又持續活動的大量帶電粒子，只要運用得宜，不但可以防禦敵方的攻擊光束，還能夠形成光束狀朝敵方射擊，堪稱可攻可守的兵器。此外，在接近戰鬥時，據說還可使敵方的米諾夫斯基飄浮裝置、光束護盾、光束旋翼等等運用米諾夫斯基粒子的裝置出現運作不良的情形。

在米諾夫斯基驅動系統實用化之前，曾經有光束兵器便是運用米諾夫斯基粒子的這類特性作為開發原理，那就是V鋼彈的選配裝備——懸掛背包。懸掛背包只要裝備在核心戰機上，便可以作為推進器。這項功能上幾乎等同米諾夫斯基驅動系統的裝備，曾經改寫過駕馭系統，並為了能承受MEGA粒子砲的壓力，特別強化米諾夫斯基粒子壓縮縮退膛室的部分構造。

至於這對光之翼，不可思議地，有相當多的證言指出當V2鋼彈機動時，看到光之翼有如生物羽翼般振翅，或是在減速等動作時折起。其姿態既神祕，又充滿幻想情懷，因此常被認為這不過是技壓群雄的V2鋼彈所展現之高機動性能的冰山一角。雖然看似優雅，但光之翼畢竟是高能源集束，軌道難以預測，對於周遭的MS或艦隊絕對危險至極。至於展翅的現象，可能如前文所述，當米諾夫斯基粒子釋放過剩的能源時，同時機體為了駕馭機動方向，而在噴射的影響下，能源隨著機體的向量變化形成軌跡，令整體顯得彷彿羽翼自然擺動。不過，正是因為V2鋼彈的駕駛員胡索・艾溫竟能恣意引發這種現象，並且作為光束兵器運用，才令人無比驚愕。■

RESOURCES

■瀧川虚至　**Kyoshi Takigawa**
All Mechanical Illustrations

■大脇千尋　**Chihiro Owaki**
Text; p.006-021, p.033, p.044-047,
p.079-081, p.093-116, p.118, p.121-123

■二宮茂幸　**Shigeyuki Ninomiya (NYASA)**
Text; p.023-029, p.117, p.119

■大里 元　**Gen Osato**
Caution design & drawing
CG Modeling; V GUNDAM, Overhang Pack, Reinforce Jr.

■ハギハラシンイチ　**Shinichi Hagihara (number4 graphics)**
CG Modeling Finishing Work

■河津潔範　**Kiyonori Kawatsu (number4 graphics)**
CG Modeling Finishing Work; UV Mapping & Painting
CG Modeling; Beam Rifle

■シラユキー　**Thillayuki**
illustrations; p043 Normal Suit,
V2 Core Fighter, V2 Top-Rim, V2 Bottom-Rim

■佐藤 始　**Hajime Sato**
SFX Photo retouch
Marking design & painting

■橋村 空　**Kuu Hashimura (GA Graphic)**
Text; p.034-041, p.043, p.057-077, p.084-085 & Captions

■大河内雄太　**Yuuta Ohkouchi**
Text; p042, p048-054

MASTER ARCHIVE MOBILE SUIT
VICTORY GUNDAM

【機械設計】
瀧川虚至
シラユキー

【Caution mark 設計】
大里 元

【文本】
大脇千尋
二宮茂樹
橋村 空
大河内雄太

【CG製作】
大里 元
ハギハラシンイチ (number4 graphics)
河津潔範 (number4 graphics)

【SFX Works】
GA Graphic編集部

【裝幀·設計】
ハギハラシンイチ(number4 graphics)
河津潔範 (number4 graphics)
吉野英武 (number4 graphics)

【監修】
株式会社サンライズ

【顧問】
巻島顎人

【編集】
佐藤 元 (GA Graphic)
村上 元 (GA Graphic)

【編集協力】
大里 元

機動戰士終極檔案 V鋼彈

出版	楓樹林出版事業有限公司
地址	新北市板橋區信義路 163 巷 3 號 10 樓
郵政劃撥	19907596 楓書坊文化出版社
網址	www.maplebook.com.tw
電話	02-2957-6096
傳真	02-2957-6435
翻譯	蔡世桓
責任編輯	江婉瑄
內文排版	洪浩剛
港澳經銷	泛華發行代理有限公司
定價	380 元
初版日期	2019年8月

國家圖書館出版品預行編目資料

機動戰士終極檔案V鋼彈 / GA Graphic 作；蔡世桓翻譯. -- 初版. -- 新北市：楓樹林, 2019.08　面；　公分

ISBN 978-957-9501-29-3 (平裝)

1. 玩具 2. 模型

479.8　　108008955